供电企业
新型客户关系管理

《供电企业新型客户关系管理》编写组　编

中国电力出版社
CHINA ELECTRIC POWER PRESS

内 容 提 要

本书从客户关系管理的基础理念讲起，深入探究供电企业客户关系管理工作转型的内外动力，着重阐释了电力体制改革、综合能源业务拓展、优化营商环境等多重因素作用下，客户关系管理的重要性。同时，围绕客户经理这一核心岗位，从客户识别、客户关系建立与维护、流失与挽回、客户关系价值挖掘等全环节入手，介绍了具体工作的开展方法与技巧，并结合国内外企业的实践与探索，为各供电企业客户关系管理相关人员提供参考与借鉴。

图书在版编目（CIP）数据

供电企业新型客户关系管理 /《供电企业新型客户关系管理》编写组编 . — 北京：中国电力出版社，2020.11（2025.1 重印）

ISBN 978-7-5198-5019-7

Ⅰ.①供… Ⅱ.①供… Ⅲ.①供电—工业企业管理—供销管理—中国 Ⅳ.① F426.61

中国版本图书馆 CIP 数据核字（2020）第 186355 号

出版发行：中国电力出版社
地　　址：北京市东城区北京站西街 19 号（邮政编码 100005）
网　　址：http://www.cepp.sgcc.com.cn
责任编辑：穆智勇（010–63412336）
责任校对：黄　蓓　王海南
装帧设计：郝晓燕
责任印制：石　雷

印　　刷：中国电力出版社有限公司
版　　次：2020 年 11 月第一版
印　　次：2025 年 1 月北京第二次印刷
开　　本：710 毫米 ×1000 毫米　16 开本
印　　张：10.25
字　　数：170 千字
印　　数：1001—1500 册
定　　价：45.00 元

前　言

当前，我国经济已由高速增长阶段转向高质量发展阶段，正处在转变发展方式、优化经济结构、转换增长动力的攻关期，党的十九大确立了习近平新时代中国特色社会主义思想，明确提出要决胜全面建设小康社会，开启全面建设社会主义现代化国家新征程，标志着中国特色社会主义进入了新时代，我国社会主要矛盾已经转化为人民日益增长的美好生活需要和不平衡不充分的发展之间的矛盾。供电企业担负着服务人民美好生活用电需要的重任。在国家全面调整产业结构、强力推进经济转型发展方式的大背景下，以能源消费革命、能源供给革命、能源技术革命和能源体制革命为核心的能源革命扑面而来、形势紧迫。新一轮电力体制改革和实施乡村振兴战略等社会环境变化也给供电企业的发展提出了更高的期望。

为此，国家电网有限公司创造性地提出了"建设具有中国特色国际领先的能源互联网企业"的战略目标。为实现这一宏大战略，"以客户为中心"的现代营销服务体系建设是不可或缺的重要基石，也是有效应对外部竞争环境、提升企业核心竞争力的重要举措之一。

因此，本书围绕"以客户为中心"现代营销服务体系建设，探索研究新型客户关系管理，以提升供电企业优质服务水平。本书分为背景与理念、知识与技能、案例与实践三个篇章，分别介绍客户关系管理的基本理念及供电企业客户关系管理工作的现状和未来发展趋势，现代营销体系背景下营销人员必须了解和掌握的客户认知、选择、关系建立、评估、维护、挽回以及客户关系应用等相关知识和技能，并结合供电企业内外部案例，说明客户关系管理应用的具体场景以及如何解决实际问题。

本书旨在帮助供电企业营销服务人员理解客户关系管理的理念，掌握客户关系管理的实操技巧，并将其灵活地运用到实际工作中，解决工作难题，助力电力营销服务工作和综合能源服务业务的拓展。

本书在编写过程中得到了供电企业相关专家的大力支持，在此谨向参与本书业务指导、编写和审稿的相关单位和各位专家致以诚挚的感谢！

由于编者水平有限，且供电企业营销服务理念与客户关系管理工作在快速发展与进步，书中难免有疏漏之处，恳请各位专家和读者提出宝贵意见。

编者

2020 年 10 月

C 目录
ONTENTS

前　言

PART 1 背景与理念 ………………………………………… 1

第一章　什么是客户关系管理…………………………… 3

　　第一节　客户关系管理的内涵与意义 ……………… 3

　　第二节　客户关系管理的起源与发展 ……………… 6

　　第三节　客户关系管理信息系统 …………………… 8

第二章　为什么要关注客户关系………………………… 12

　　第一节　传统客户关系的瓶颈 ……………………… 12

　　第二节　客户关系变革的驱动因素 ………………… 13

　　第三节　"以客户为中心"的新型客户关系 ……… 20

第三章　客户关系管理有哪些新的探索………………… 23

　　第一节　客户信用体系 ……………………………… 23

　　第二节　客户价值体系 ……………………………… 27

　　第三节　客户标签与客户画像 ……………………… 32

PART 2 知识与技能 …………………………………… **35**

第四章　谁是我们的客户 ……………………………… 37

　　第一节　客户识别与分类的重要意义 ……………… 37

　　第二节　客户识别与客户信息管理 ……………… 38

第三节　传统电力客户分类及其不足 ……………………… 47

第四节　基于价值的新型客户分类 ………………………… 49

第五章　如何与客户建立好的关系……………………………… **55**

第一节　客户关系建立的概念与意义 ……………………… 55

第二节　客户建立关系的传统途径与方法 ………………… 57

第三节　客户建立关系的新途径与方法 …………………… 63

第六章　如何与客户维持好的关系……………………………… **68**

第一节　评价客户关系的新模式 …………………………… 68

第二节　培养客户忠诚的创新策略 ………………………… 70

第三节　关系维护的多元沟通方法 ………………………… 75

第七章　如何避免或挽回流失的客户…………………………… **81**

第一节　客户流失的原因分析 ……………………………… 81

第二节　避免客户流失的有效策略 ………………………… 84

第三节　挽回客户的有效策略 ……………………………… 85

第八章　如何高效利用客户关系………………………………… **90**

第一节　需求挖掘与项目转化 ……………………………… 90

第二节　基于客户关系的新型营销 ………………………… 100

第九章　与居民客户的关系如何管理…………………………… **105**

第一节　居民客户关系类型与特点 ………………………… 105

第二节　基于"互联网＋"的居民客户关系管理………… 107

PART 3　案例与实践 ……………………………………… **111**

第十章　国内外客户关系管理案例……………………………… **113**

案例一　万科的客户关系管理 …………………………… 113

案例二　华为的客户关系管理　…………………………………　117

案例三　荷兰皇家航空 KLM 的客户关系管理 …………………　120

案例四　State Farm 保险公司的客户关系管理　…………　126

案例五　小米的客户关系管理　…………………………………　129

第十一章　供电企业的客户关系管理典型案例…………………………　**134**

案例一　客户关系建立的典型案例　…………………………………　134

案例二　客户关系维持的典型案例　…………………………………　137

案例三　客户关系挽回的典型案例　…………………………………　141

案例四　客户关系应用的典型案例　…………………………………　143

案例五　居民客户关系管理的典型案例　…………………………　147

案例六　全面优化电力营商环境的典型案例　…………………　149

参考文献………………………………………………………………………　**153**

PART 1

背景与理念

客户关系管理（Customer Relationship Management，CRM）的概念发轫于 20 世纪 90 年代，但其"以客户为中心"的营销理念由来已久。随着市场竞争的日趋激烈，客户关系管理已经成为企业必须采用的以稳固市场份额、增强客户黏性、提升核心竞争力的重要策略。

本篇首先介绍了客户关系管理的基本概念与内涵、起源与发展历史以及相应的信息管理系统；然后，以供电企业为代表，介绍供电企业传统的客户关系管理模式，阐述驱动传统模式转型升级的内外部因素，分析供电企业客户关系管理的未来发展方向；最后，介绍供电企业在新型客户关系管理方面做出的理论创新和探索实践，为读者提供了全新而生动的视角。

第一章

什么是客户关系管理

客户关系管理是现代营销的重要组成部分，它源于企业在不断变化的市场环境中，对客户行为的观察总结和企业营销模式的发展需要。目前，客户关系管理的理念及其应用技术对于现代商业世界的影响愈发显著，已经成为市场化企业必备的竞争手段。

本章主要对客户关系管理的内涵与意义、起源与发展以及客户关系管理信息系统进行简要介绍。

第一节　客户关系管理的内涵与意义

一、客户关系管理的概念

一般来说，客户关系管理指的是基于现代市场营销理论的指导，运用相应的信息管理技术，对企业客户进行的包括关系建立、关系维护、关系挽回和关系应用等一系列的综合性管理过程。

不同行业对客户关系管理的理解侧重点不尽相同：

Gartner Group[1]认为，所谓客户关系管理，就是为企业提供全方位的管理视角，赋予企业更完善的客户交流能力，最大化客户的收益率。

Hurwitz Group[2]认为，客户关系管理的焦点是自动化并改善与销售、市场营销、客户服务和支持等领域的客户关系有关的商业流程。客户关系管理既是一套原则制度，也是一套软件和技术。它的目标是缩减销售周期和销售成本、增加收入、寻找扩展业务所需的新的市场和渠道以及提高客户的价值、满意度、

---

[1]　Gartner Group：全球最具权威的 IT 研究与顾问咨询公司之一，成立于 1979 年。

[2]　Hurwitz Group：赫尔维茨集团，是国际著名的网络安全研究公司。

盈利性和忠实度。

IBM[1]认为，客户关系管理包括企业识别、挑选、获取、发展和保持客户的整个商业过程。IBM把客户关系管理分为关系管理、流程管理和接入管理三类。

总体来说，可以从以下战略理念、制度行为和工具技术三个层面去理解客户关系管理。

（一）战略理念层面

客户关系管理在战略理念层面可以理解为企业的一种经营发展策略，将其上升为影响企业生存和发展的战略性举措。其核心理念是，将客户视为企业最重要的资产，以客户为中心，通过满足客户需求来提高客户满意度，通过让客户建立起对企业的偏好和依赖来培养客户忠诚，进而借助优质的客户关系提升企业的经营效率。

（二）制度行为层面

客户关系管理在制度行为层面可以理解为企业针对客户关系管理形成的一套常态化的制度和行为，通过建立起企业与客户之间的互动沟通，有效理解和影响客户行为，以实现客户的获得、客户的保留和客户的忠诚保持，从而实现缩减销售周期、减少经营成本、增加经营收入、拓宽业务市场等经营目标。

（三）工具技术层面

客户关系管理在制度行为层面可以理解为企业对交易信息管理软件、客户信息数据管理软件等工具的应用与开发。伴随着全球信息科技的高速发展，相较于传统的以人力为主的客户关系管理方式，运用信息技术手段和工具可以实现更大规模、更高效率和更加精细的客户关系管理，也是未来客户关系管理工作的必然选择。

综上所述，本书认为客户关系管理是企业集经营理念、管理制度、工作流程、信息技术、软硬件系统于一体的一套系统性解决方案。在客户关系管理过程中，企业通过与目标所选客户建立长期和有效的业务关系，在与客户的每一个"接触点"上都更加接近客户、了解客户，从而获取并利用客户信息，促成业务的拓展，降低营销的成本，保持客户黏性，提升市场占有率。

二、客户关系管理的内涵

客户关系管理是一个完整的管理体系。一般来说，依据企业与客户关系的

---

[1] IBM：国际商业机器公司，是全球最大的信息技术和业务解决方案公司。

发展规律，可以将客户关系管理在客户认知的基础之上，分为关系建立、关系维护、关系应用、关系挽回四个模块。

关系建立是客户关系管理的第一个阶段，企业通过产品策略、价格策略、分销策略、促销策略等手段，让客户对企业产生初步的认识和信任，从而与客户建立起合作意向，以发展合作关系。

关系维护是客户关系管理的重点与核心模块，在这一阶段，企业虽然已经与客户建立起了合作关系，但是仍然需要维护好与客户的关系。企业需要开展与客户的互动沟通，处理好可能发生的矛盾纠纷，提高客户的满意度与忠诚度，稳固企业的市场份额。

关系应用是客户关系管理价值的实现，借助与客户搭建好的合作关系，更进一步挖掘客户需求、拓展客户价值，从而为企业带来更大的收益。

关系挽回发生在企业与客户关系发生危机、破裂、夭折或者终止时，通过采取相应的措施挽回客户关系，让客户重新建立与企业之间的关系，重新购买企业的产品和服务，进而继续创造价值。

客户关系管理体系的主要内涵如图 1-1 所示。

图 1-1　客户关系管理体系内涵图

三、客户关系管理的目的和意义

客户关系管理采用以客户为中心的商业哲学和企业文化来支持有效的市场营销、销售与服务流程，是企业巩固市场份额，提升营销效率和强化核心竞争力的重要举措。

（一）巩固企业的市场份额

企业通过有效的客户关系管理，与客户建立良好的互动沟通关系。客户可以选择自己喜欢的方式与企业进行交流，以方便快捷地获取信息，并得到更好的服务。此种情形下，客户的满意度和忠诚度可以得到显著提高，可帮助企业保留更多的老客户，并更好地吸引新客户，以巩固其市场份额。

（二）提升企业的营销效率

企业通过收集汇总客户信息，经过整理分析后在企业内部实现信息共享。营销部门可以充分利用客户信息，增加对市场的了解，有效预测市场发展趋势，为企业营销工作做出更具针对性和合理性的决策，有效提升企业的营销服务效率；借助客户关系管理，通过更加丰富、更有效率的渠道与客户进行沟通互动，提高工作营销工作效率，减少营销和推广的经营成本。

（三）增强企业的核心竞争力

通过客户关系管理，企业能够比其他竞争对手更加深入地了解客户的个性化需求，从而更高效、更精准地服务客户，建立客户的忠诚度。此外，企业在维持客户良好的满意度和忠诚度的基础上，可以有效增强产品的市场黏性，提升企业的核心竞争力。同时，企业通过与客户建立优质的客户关系，可以让客户为企业提供良好的口碑，从而提供更多潜在的业务机会。

第二节　客户关系管理的起源与发展

客户关系管理的理念发源于企业对客户长期管理的经验总结。客户关系管理的观念由来已久，最初是从市场营销和关系营销的理论中发展而来。

一、客户关系管理诞生的背景

客户关系管理的诞生是基于市场竞争的需求和技术发展的支持。

（一）需求拉动

供大于求的市场竞争需求是催生客户关系管理的重要驱动力。

伴随着各行各业生产力的迅速发展，供不应求的时代逐渐过去，越来越多的行业从卖方主导转变为了买方主导。传统的以生产、以产品为核心的经营方式已经不能适应环境的变化。企业要生存，就必须以客户为中心，主动及时地为客户提供其所需要的产品和服务，满足客户个性化、多元化的需求。要更好地服务客户，进行客户关系管理就尤为重要。

对于电力行业来说同样如此。伴随着电力体制的改革，面临其他售电主体的竞争，供电企业需要逐渐走上市场化道路。在此过程中，抓好存量客户，争取增量客户，都离不开客户关系管理的深化。

（二）技术推动

技术的发展进步是客户关系管理落地实施的基础。在技术不成熟的时代，由于客观因素的制约，企业开展客户关系管理的范围和力度相对有限，更多地集中在对部分重要客户的关系管理，如一对一营销、关系营销、VIP 客户管理等。伴随着技术的不断发展进步，尤其是信息管理系统等相关技术的应用，企业开展客户关系管理的门槛降低，为更大范围、更高效率地进行客户关系管理提供了可行性。

20 世纪 90 年代，信息技术的引入让客户关系管理理念的实现以及功能的扩展得到了前所未有的提升。近年来，伴随着大、云、物、移、智等新一代信息技术的迅猛发展，客户关系精益化可用的技术手段和工具层出不穷，管理水平有了本质性的提高。在技术进步的推动下，客户关系管理已经逐步实现了理论与应用技术的充分结合。

二、客户关系管理的发展历程

客户关系管理理论的发展有四个重要的演化阶段，如图 1-2 所示。

图 1-2　客户关系管理理论演化阶段

（一）接触管理的提出

20 世纪 80 年代初，在市场营销理论界就提出了"接触管理"的概念。接触管理又称接触点管理，是指企业决定在什么时间、什么地点、如何接触（包括采取什么接触点、何种方式）与客户或潜在客户进行接触，并达成预期沟通目标，以及围绕客户接触过程与接触结果处理所展开的管理工作。

接触管理是 20 世纪 80~90 年代一个重要的话题，企业与客户有效接触的核心目的是获得客户最大化满意，最终实现最大化营销，并获得品牌忠诚。这就是客户关系管理理论的雏形。

（二）关系营销的产生

关系营销诞生于 20 世纪 80 年代中期，关系营销的理论认为：营销活动就是一个企业与消费者、供应商、分销商、竞争者、政府机构以及其他公众发生互动的过程，其核心是建立、发展、巩固企业与这些组织和个人的关系。关系营销强调关系的重要性，强调建立长久、良好的关系对企业的重要性。可以说，关系营销是市场营销理论的一次重要突破。

（三）客户关怀的诞生

客户关怀在 20 世纪 90 年代开始出现，在服务领域的表现非常突出。客户关怀的内涵是：由于服务具有无形、易逝与难控等特点，企业注重对客户的关怀，可以极大地增强服务的感官效果，从而提高服务效率，更好地达成企业的服务目标。

（四）客户关系管理的发展

客户关系管理的概念最早由美国的咨询公司 Gartner Group 于 1993 年前后提出。客户关系管理是对接触管理、关系营销、客户关怀等营销理念的融合与发展。

自从客户关系管理的概念提出以后，企业和学者对此的研究逐渐深化，并结合信息管理技术，从应用化的方向进行深入探索。客户关系管理为企业带来的实际效益也不断得到验证。客户关系管理系统软件的应用和普及也不断提高，世界知名的甲骨文、SAP、Salesforce.com 等公司的软件收入都超过 10 亿美元，而随着互联网电商经济、移动互联网普及以及"大云物移智"技术的发展，客户关系管理软件几乎成为众多企业必备的管理工具。

第三节　客户关系管理信息系统

客户关系管理最初是企业在市场竞争中的一种商业策略，但随着技术的发展，企业能够把握自身的客户关系管理策略与模式，开发相应的系统平台来更好地实现管理目标，如甲骨文、IBM 等软件公司为企业提供客户关系管理系统服务，包括客户信息数据库、电话呼叫中心、网络服务平台等。客户关系管理信息系统也成为企业经营的重要工具。本节主要介绍主流的客户关系管理（客户关系管理）信息系统的架构、功能和特点。

一、主要功能

客户关系管理信息系统架构与功能如图 1-3 所示，客户关系管理信息系统的功能可以归纳为三个方面。首先是接触功能，即与客户进行沟通所需要的手段（如电话、传真、网络、Email 等）的集成和自动化处理；其次是业务功能，也就是对销售、营销和客户服务三部分业务流程的信息化；最后是数据库功能，即对上面两部分功能所积累的信息进行加工处理，开展一系列市场竞争分析和营销策略分析，为企业战略战术的决策作支持。

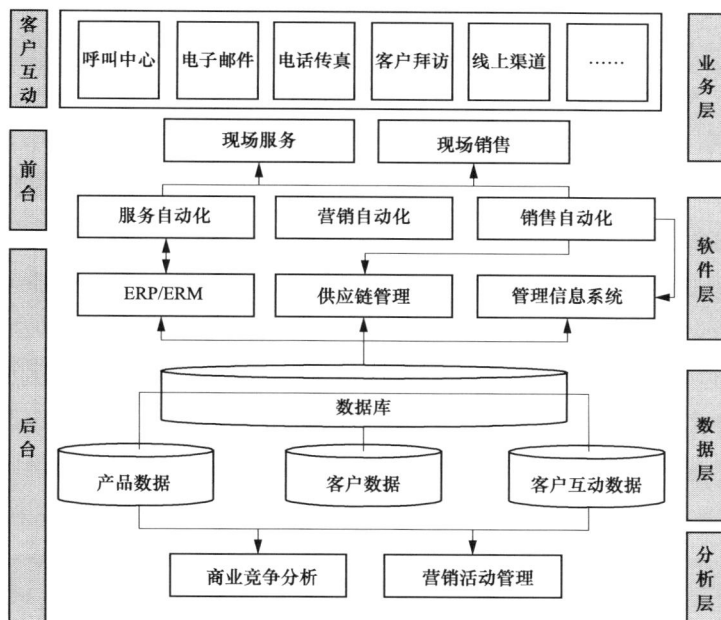

图 1-3　客户关系管理信息系统架构与功能

（一）接触功能

客户关系管理系统通过给客户提供各种方式和渠道与企业进行接触，典型的方式有呼叫中心、面对面的直接沟通、传真、移动销售、电子邮件、互联网及其他营销渠道，如中介或经纪人等。在引入呼叫中心技术的基础上，通过增加电话、电子邮箱、传真等多样化与客户互动的接入方式，并能根据呼叫接入的差异提供多种路由算法和基于经验的智能路由等功能，强化与客户交流沟通的效果。同时，将门户技术引入客户关系管理系统，并与呼叫中心技术进行集成，能够为不同类型的客户对象提供交互应答服务，实现了呼叫中心的全部功能，增强了企业为客户服务的应急能力。同时，企业必须协调这些沟通渠道，保证客户能够采用其方便或偏好的形式随时与企业交流，并且保证来自不同渠道的信息完整、准确和一致。

（二）业务功能

业务功能是客户关系管理信息系统的主要功能，包括营销自动化、销售自动化、服务自动化等功能模块，以实现企业中各业务部门之间的资源共享和信息协调，从而实现企业与客户的有效沟通。营销自动化模块对市场营销活动进行计划、执行、监视和分析；销售自动化模块对企业的销售活动进行计划、执行、监视和分析，以帮助决策者管理销售业务；服务自动化模块提高与客户支持、现场服务和仓库修理相关业务流程的自动化并加以优化。

（三）数据库功能

数据库管理系统是客户关系管理信息系统的重要组成部分，是客户关系管理思想和信息技术的有机结合，是企业营销门店、客服中心等前台服务部门开展各种业务活动的基础。客户关系管理信息系统引入数据仓库的相关技术，对来自前端呼叫中心平台提供的信息和后台数据库的各种数据进行统计分析；并借助数据分析系统，进行客户分析和市场营销的辅助决策支持。从基于客户数据及企业业务活动的历史记录中提炼出有用的信息，包括针对客户的需求、竞争对手的产品等企业非常关注的信息。这有助于企业借助积累的历史数据，对其业务运营状况及营销活动成效做出正确的评价，以便了解客户行为及其趋向。运用数据库功能，企业可以与客户进行高效、可衡量、双向的沟通，真正体现了以客户为导向的管理思想，有利于与客户维持长久甚至是终身的紧密关系。

二、主要特征

客户关系管理信息系统的应用主要体现了以下特性：

（一）综合性

客户关系管理信息系统包含客户合作管理、业务操作管理、数据分析管理、信息技术管理等子系统，综合了大多数企业关于客户服务、销售和营销自动化和优化的需要，通过具有多媒体、多渠道的联络中心实现了营销与客户服务的功能，同时通过系统具备的为现场销售和远程销售提供的各种服务实现其销售功能。通过运用统一的信息库，开展有效的交流管理和执行支持，使交易处理和流程管理成为综合的业务操作方式。

（二）集成性

客户关系管理信息系统需要与企业的其他信息系统进行高度集成。在电子商务的背景下，客户关系管理信息系统通过与企业资源计划、供应链管理、计算机集成制造、财务等系统的集成，彻底改革了企业的管理方式和业务流程，确保各部门各系统的任务能够动态协调和无缝连接。

（三）智能性

客户关系管理信息系统具有商业智能的决策和分析能力。它获得并深化了大量的客户信息，通过加强数据库的建设和数据挖掘工作，可以对市场和客户的需求展开智能性分析，从而为管理者决策提供参考依据。

（四）高技术性

客户关系管理信息系统涉及种类繁多的信息技术，如数据库、数据挖掘、多媒体技术等。同时，为实现与客户的全方位交流，在客户关系管理信息的方案部署中需要实现呼叫中心、销售平台、远程销售、移动设备以及基于互联网的电子商务站点的有机结合。客户关系管理信息系统通过深度应用不同类型的资源和专业技术支持，将不同技术、不同规则的功能模块融合成为一个统一的客户关系管理环境。

第二章

为什么要关注客户关系

过去，供电企业处于行业垄断的地位，加之电力行业在国民经济中的战略性地位，使得供电企业面临的市场竞争压力较小，导致了市场化意识与客户导向意识相对薄弱。随着电力市场化改革的推进和售电侧市场的放开，供电企业面临着更加复杂的外部环境和更加激烈的市场竞争，因此，供电企业必须要借鉴市场化运作企业的成功经验，探索出一套独具特色的客户关系管理模式，建立良好的客户关系管理机制，构建一个以用户为中心，以更好地服务于用户、服务于电网安全、满足用户需求侧管理需要的客户关系管理系统。

本章着重介绍了供电企业的传统客户关系管理模式、供电企业面临客户关系管理变革的驱动因素以及"以客户为中心"的新型客户关系管理模式。

第一节　传统客户关系的瓶颈

一、营销产品

供电企业的产品以电为主，电力也是一种商品，供电企业通过为客户安全、可靠地输送电力，满足客户的电力使用需求；并在此基础上衍生出诸如业扩报装、故障抢修、用电检查等衍生服务。从本质上来说，供电企业的传统业务是以电力产品为主，电力服务为辅。对客户而言，其核心需求是电力的安全与可靠，关键影响因素是电力的价格，而非电力的服务属性，例如需求响应速度、客服人员服务态度等。

二、角色定位

在过去，供电企业在电力业务中与客户的关系是一个双重关系，供电企业同时扮演服务者和监管者的角色。

首先，供电企业给电力客户提供电力产品和服务，因此扮演着服务者的角色；其次，在相关的服务流程中，客户需要提交申请，供电企业审核批准后，才会对其提供服务，并定期开展用电安全和规范性检查，由此可以看出供电企业还扮演着一定的监管者角色。

三、客户关系管理策略

传统电力市场由于卖方单一，买方选择很少，以卖方市场为主，形成区域性垄断市场，电力市场的供需不平衡导致传统供电企业的客户关系管理较为滞后，缺乏市场化的管理制度与方法，员工也缺乏相应的意识与技能。

同时，由于供电企业的垄断市场地位和监管者角色，会导致客户将供电企业当作政府部门或者电力管理机构看待。在传统电力市场中，供电企业与电力客户间的关系不是影响企业经营的决定性因素。因此，供电企业在传统的客户关系管理中，以用电安全、可靠、社会影响等因素为主，经济利益不是绝对主导的因素。

第二节　客户关系变革的驱动因素

党的十九大以来，我国经济已由高速增长阶段转向高质量发展阶段，越来越重视发展的质量和效益。在经济模式转变的背景下，电力行业乃至整个能源行业都在从追求增长转变为追求高质量增长，也驱动着供电企业客户关系管理策略和模式的转变。本节主要从宏观环境、行业政策和企业战略三个维度，分别介绍促使客户关系管理模式变化的重要因素。

一、宏观环境因素

（一）社会经济形态变化

伴随着我国社会主义市场经济多年的发展，经济体制的建设日趋完善，市场在资源配置中正在逐渐发挥着决定性的作用。党的十九大报告指出，我国社会主要矛盾已经转化为人民日益增长的美好生活需要和不平衡不充分的发展之间的矛盾。在我国社会主要矛盾发生变化的大背景下，电力市场的矛盾也发生了变化。客户开始追求更高层级的需求，同时对电力服务质量的要求进一步提升。

2018 年政府工作报告中提出，优化营商环境就是解放生产力、提高竞争力，要破障碍、去烦苛、筑坦途，为市场主体添活力，为人民群众增便利。在营商环境优化的大背景下，供电企业需要与其他国家的电力企业进行对标，追求更加快捷、优质、透明的服务。因此，供电企业面临着营商环境优化的巨大挑战，需要深入落实优化营商环境的工作部署，积极打造以客户为中心的现代服务体系。

（二）新兴技术发展

21 世纪是信息时代，随着互联网的飞速发展，网络舆论在社会和人们的生活中发挥着越来越重要的作用。在互联网时代，借助社交媒体和自媒体等平台，信息的传播速度和广度都发生了量级的改变，负面新闻的扩散速度很快，容易发生恶性舆情事件，影响供电企业的形象。

除信息技术之外，新能源等新兴技术发展迅速，光伏、风能、分布式储能和小微电网技术的不断升级发展，也使客户有更多的选择空间，使得客户在电力服务关系中占据更具话语权的位置。

二、行业政策因素

（一）电力体制改革历程

1. 电力体制市场化改革初期阶段

2002 年 3 月，国务院正式批准了《电力体制改革方案》，4 月 11 日国务院公布了《电力体制改革方案》（国发〔2002〕5 号），标志着电力市场化阶段的启动。这一阶段的改革方针是"厂网分开、主辅分离、输配分开、竞价上网"，目标是打破垄断，将发电厂与电网两类资产分开，并在发电环节引入竞争机制，提升效率，同时健全电价机制，优化资源配置。

自 2002 年电力市场化改革实施以来，电力行业基本破除了独家办电体制的限制，逐步实现"厂网分开、主辅分离、输配分开、竞价上网"，强化了市场在电力资源配置中的作用，并初步呈现电力市场主体多元化的竞争格局。在这一阶段，电力行业快速发展，电力服务水平也有了明显的提高。同时，多元化市场体系开始形成，电价形成机制日益完善，还积累了电力市场化交易和监管的重要经验。

然而，由于改革后期国内外经济形势变化，改革风险加大，致使改革重心向维护电网安全运行偏移，未能实现改革初衷。随着中国经济步入新常态，电力需求出现明显放缓趋势，电力能源环境问题与安全问题凸显，如何针对新形势下的能源电力经济进一步深化改革，成为政府工作的重点。

2. 新一轮电力体制市场化改革

我国电力市场经过多年的耕耘，电力生产能力大幅提高，电力供应水平有了质的进步，电力不再是稀缺资源，电力市场逐渐从卖方市场转向买方市场。

2015 年 3 月，党中央、国务院印发《关于进一步深化电力体制改革的若干意见》（中发〔2015〕9 号），标志着时隔 13 年的电力体制市场化改革再度启动。2015 年电改的主要内容可以概括为"三放开、一独立、三强化"，即：有序放开输配以外的竞争性环节电价，有序向社会资本放开配售电业务，有序放开公益性和调节性以外的发用电计划；交易机构相对独立；对区域电网、输配电体制深化研究。同时，强化政府监管、统筹规划、安全可靠供应，构建"管住中间，放开两头"的体制架构。

相比于 2002 年电改，新一轮电改在市场化定价机制、电力市场交易机制、新能源与可再生能源发展机制、理顺政府职能定位等方面有了更为深入的探索。其中，输配电价改革与售电侧市场放开是本轮电力体制改革的两大亮点，对于发挥价格机制的调节作用、打破供电企业对输配电业务的垄断、提高资源配置效率具有十分重要的意义。

中发 9 号文印发后，国家发改委、国家能源局密集出台 6 个电改配套文件，涉及输配电、电力市场建设等多个电改维度，为新一轮电改提供了纲领性指导。这既反映了进一步深化电力体制市场化改革的迫切性，也反映了中央政府对于电改的信心与决心。

（二）新一轮电改目标

电力市场化改革的目标就是建立一套成熟有效的电力市场机制，使市场在电力资源配置中起决定性作用，提供准确的电力价值信号，引导市场主体进行有效的生产、投资与消费活动。

高效的竞争性电力市场至少要具备三个要素：公平参与市场交易的买方与卖方、足够数量的市场主体、有效的市场交易机制。公平参与市场交易是指买卖双方权力对等，价格由市场竞争决定；足够数量的市场主体有助于充分反映市场信息，使撮合价格更具真实性和科学性；有效的市场交易机制包括市场主体准入标准、电力相关法律法规等，对于保障电力市场公平高效运行具有重要作用。

2002 年的电改放开了发电侧，实现"厂网分开"，然而，电力市场化运作机制依然没有真正建立起来。原因主要有三点；一是此次电改只是解放了电力的生产者——发电企业，而电力的使用者并未直接参与到市场交易中，使电力使用者的用电信息无法直接传导到市场中；二是电力市场的主要参与者数量不够庞大，只有几家大型发电企业与各级供电企业，不利于开展充分的市场竞争；三是缺乏电力立法工作，没有理顺政府、供电企业、用电客户三者之间的关系，市场交易机制不畅通。因此，新一轮电力市场化改革的核心任务主要是完善电价形成机制、形成多元化市场主体格局、构建有效的电力交易机制与理顺政府的职能定位。

（三）新一轮电改内容

1. 电价改革

2002 年的电力市场化改革实现了"厂网分开"，放开了发电侧，成立了五大发电公司，能够自主竞价上网。然而，供电企业依然垄断着输电、配电与售电环节，人为地隔离了发电企业与普通电力客户，电力客户并不具备议价能力。同时，由于发电企业主要是国有企业，对价格信号不敏感，进一步削弱了价格对发电量的调节作用。此外，各类电价交叉补贴的存在掩盖了电力的真实成本，不仅造成了资源的浪费，也严重干扰了电价的信号作用。

新电改针对上一轮电改存在的问题，提出了三个针对性的改革措施。首先是放开竞争性环节的电价，在放开发电侧的基础上，进一步放开售电侧电价，鼓励电力客户与发电企业直接开展电力交易，以自主协商的方式确定电价；其次是进行输配电价改革，按照"准许成本＋合理收益"的模式，单独核定供电企业的输配电价，方便政府对供电企业的电力成本的监管；最后是妥善处理电价交叉补贴，在兼顾普遍服务的同时，减少资金的浪费与对电价形成的影响。

2. 市场主体

2002 年的电力市场化改革中，参与电力市场交易的主体分为发电厂、供电企业与电力用户三类。市场主体之间的交易方式是一种间接的形式，具体表现为发电企业将电以上网价格销售给各级供电企业，再由供电企业以政府管制价格销售给电力客户，电力客户在交易中缺乏选择权。

新电改方案提出要规范电力市场交易的准入规则、多途径培养市场主体，在事实上扩大了市场主体的范围，增加了市场主体的数量，并初步形成发电厂、供电企业、售电公司与电力客户的多元化市场主体格局。同时，新电改鼓励与引导各市场主体开展多方直接交易，赋予符合标准的发电企业、售电公司与电力客户自主选择权，这有利于电力直接交易量的增加，从而打破供电企业对售电环节的垄断。

3. 交易机制

电力交易体制的变化主要体现在两个方面：一是供电企业的功能定位与运营模式改变；二是相对独立的、多层次的电力交易中心成立。

首先，新电改方案改变了供电企业集电力输送、统购统销、调度交易为一体的"三位一体"运作模式，明确指出供电企业未来主要负责电网投资运行、电力传输配送、电网系统安全等业务，从"电力批发商"转型成"电力承运商"。供电企业的盈利模式也随之发生变化，从过去赚取上网电价与政府定价的差额，转变成"准许成本 + 合理收益"的模式，只赚取"过路费"。这不仅有利于政府监管供电企业的电力成本，也促使供电企业进行资产管理与运营效率提升。

其次，新电改方案明确指出要构建相对独立、多层次的交易机构，提供双边协商、挂牌、集中竞价等多种交易方式。独立的交易机构保障了售电侧的市场主体与发电侧的市场主体间的公平交易。多层次的电力交易中心完善了跨省跨区的电力交易机制，方便电力资源的跨区域调配。多样化的交易方式也有助于撮合交易，提升电力市场的运作效率。

4. 政府作用

明确政府的职能定位主要做到两点，"放开不该管的事情"与"做该管的事情"。对于不该管的事情，就要更多发挥市场在资源配置中的作用，减少不必要的政府干预。新电改方案提出了要有序缩减发用电计划、减少行政审批、有序向社会资本放开售电业务等。而对于该管的事情，政府就应该积极承担责任，发挥"有形之手"的调节作用。新电改方案指出政府应该规范市场准入标准、加强电力的统筹规划与科学监管，同时完善政府的调节性服务功能。

（四）新电改对供电企业的影响

1. 输配电价改革对供电企业的影响

（1）供电企业定位发生改变。以前，供电企业负责输电、配电、售电等业务，是电力市场交易的主体；现在，售电业务从供电企业中逐渐剥离出来，供电企业只负责输电与配电，成为输配电公共服务的提供者。

（2）供电企业盈利模式转变。过去，电力市场交易是统购统销的模式，由供电企业统一从发电厂购电，然后再转售给电力客户，供电企业直接赚取上网电价与销售电价的差值。现在，政府允许供电企业在"准许成本＋合理收益"模式的基础上，按照政府核定的输配电价收取"过网费"。这种盈利模式虽然使得供电企业的收入来源更加稳定，但在客观上缩减了供电企业的盈利空间，对供电企业的经营管理带来巨大挑战。

（3）政府监管重点发生转变。政府从原来重点监控上网电价和销售电价，转向重点监控输配售电价。政府放开了竞争环节业务价格，主张售电价格由发电厂与电力用户自主竞价形成，并辅之以必要的监管；而对于自然垄断环节业务，即输电与配电业务，政府则进一步强化监管，提供指导性输配电价。这意味着在强化市场作用的同时，政府对供电企业的监管更加科学和严格。

（4）供电企业管理方式改变。首先，盈利模式的变化使得供电企业只能赚取"过网费"，收益范围受限，因此供电企业需要提高对现有资产的利用效率，控制运营成本，降低改革对供电企业收入的冲击。其次，监管重点的变化，使得政府更加了解供电企业的资产情况、电力成本等，因此供电企业需要做好成本管理工作，强化内部审计，使之符合监管的要求。

2. 售电侧市场放开对供电企业的影响

（1）市场竞争主体增加。新电改放开了售电侧市场，引入竞争机制，并鼓励成立售电公司、多途径培育市场主体。可以参与电力交易的市场竞争主体的类型也因此增多，符合条件的高新产业园区或经济技术开发区、售电公司、拥有分布式电源的客户或微网系统、公共服务行业和节能服务公司、发电公司等都可以从事直购电或者售电业务。

（2）电力交易中心增加。新电改鼓励成立相对独立的、多层次的电力交易机构。售电侧市场开放后，市场交易主体、电力直接交易量的增加，推动着各地加速建设电力交易中心。中发9号文颁布不久，北京、广州相继成立两个全国性的电力交易中心，此后，各个省区也开始建立自己的省级电力交易中心。

（3）电力直接交易量增加。通过设立售电侧试点，有需求的用电大户可以直接与发电厂商开展双边交易，电力直接交易量提升明显。在目前电力供应大于需求的宏观背景下，广泛开展电力直接交易，能够充分发挥市场配置资源的作用，降低电价，减少对发电侧的冗余投资。当然，电力直接交易量的增加，会对供电企业的售电业务产生明显的冲击。

三、企业战略因素

（一）综合能源业务转型

2016 年 10 月，国家发展改革委、国家能源局发布的《有序放开配电业务管理办法》中第十二条指出"配电网运营者可有偿为各类用户提供增值服务。包括但不限于：用户多种能源优化组合方案，提供发电、供热、供冷、供气、供水等智能化综合能源服务"。

综合能源服务是面向能源系统终端，通过能源品种组合、技术进步、商业模式创新、系统集成等方式，使能源消费客户受益或满足感得到提升的行为。以综合能源服务为着力点，有望加速推动能源消费转型升级。各大供电企业纷纷向综合能源转型和跨界，加快拓展综合能源服务业务。

综合能源服务是完全的市场化运作模式，属于非垄断市场。因此，供电企业如果要发展综合能源服务，就需要面临市场化竞争的压力。在综合能源服务项目中，供电企业的技术是否先进、服务是否优质、价格是否低廉等因素，将成为其主要竞争的来源。综合能源服务的商业模式对供电企业传统的商业模式产生剧烈冲击。在市场化运作模式下，供电企业和客户的关系逐渐转变为服务供应商和市场化消费者的关系。

（二）优化营商环境

2019 年 10 月 8 日，国务院颁布了《优化营商环境条例》（国务院令第 722 号）。为深入贯彻党中央、国务院关于深化"放管服"改革优化营商环境的决策部署，全面落实《优化营商环境条例》，推动我国"获得电力"服务水平整体提升，国家发展改革委、国家能源局也联合印发了《关于全面提升"获得电力"服务水平，持续优化用电营商环境的意见》。《意见》指出，在全国范围内实现居民用户和低压小微企业"零上门、零审批、零投资"（简称"三零"）服务，高压用户"省力、省时、省钱"（简称"三省"）服务，推动我国用电营商环境持续优化，"获得电力"整体服务水平迈上新台阶，并提出了办电更省时、办电更省心、办电更省钱、用电更可靠四个方面具体目标。同时要求：

（1）压减办电时间，包括压减用电报装业务办理时间、压减电力接入工程审批时间；

（2）提高办电便利度，包括优化线上用电报装服务、压减用电报装环节和申请资料、加快政企协同办电信息共享平台建设。

（3）降低办电成本，包括优化接入电网方式、延伸电网投资界面、规范用电报装收费。

（4）提升供电可靠性，包括加强配电网和农村电网规划建设、减少停电时间和停电次数。

（5）加大信息公开力度，包括提高用电报装信息公开透明度、加强政策解读和宣传引导。

（三）战略目标转型

在此宏观环境因素、行业政策因素以及国家产业政策因素的影响之下，供电企业需要制定新的战略目标，引导企业的战略转型。国家电网公司与南方电网公司作为最大的供电企业，其企业发展战略也有了重大改变。国家电网公司提出了"建设具有中国特色国际领先的能源互联网企业"这一战略目标，南方电网公司也提出了"成为具有全球竞争力的世界一流企业"这一企业愿景。

综上所述，在宏观环境层面，我国社会经济快速发展带动的消费者需求不断升级，新兴技术的发展使消费者对电力选择拥有了更多选择权；在行业环境层面，近年来我国电力体制改革和配售电改革推动了电力行业不断趋于市场化，促进供电企业的市场化转型和客户关系管理理念的转变；在企业环境层面，综合能源业务转型的背景下，供电企业和客户的关系逐渐转变为服务供应商和市场化消费者的关系，全新的战略目标也在推动着供电企业的业务重点向客户侧的延伸。这些因素都在对供电企业的客户关系管理提出更高的要求。

第三节 "以客户为中心"的新型客户关系

2018 年以来，国家电网公司提出了建立以客户为中心，以市场为导向的现代营销服务体系，引领了供电企业客户关系管理模型的创新与突破。本节重点介绍供电企业现代营销服务体系的理念和内涵，以及在此背景下客户关系管理的发展方向。

一、以客户为中心

"以客户为中心"本义是指营销工作以满足客户需求为出发点，以整体性的全方位服务适应、满足与影响客户需求，为客户提供满意的商品和服务。在电力行业，由于供电企业是关系国计民生的重要企业，"以客户为中心"有着更加丰富的内涵。坚持以客户为中心，全面提升供电服务水平的主要目标是，推进供电企业由简单服务向贴心服务转变，由被动坐商服务向主动增值服务转变，由传统供电服务向综合能源服务延伸，实现城乡供电能力和可靠性水平明显提高，人民群众获得感和幸福感全面提升，客户服务能力和市场开拓能力行业领先，建成以客户为中心的现代营销服务体系，推动形成以电为中心的现代能源消费体系。

客户需求是供电企业的服务之根，"以客户为中心"的理念，就是要聚焦客户多元化用能新需求，以满足人民美好生活需要为目标，将为客户服务的意识贯穿于供电企业生产经营服务的全过程，畅通沟通渠道，关注客户体验，引导客户需求，为客户提供更便捷、更优质的综合能源新服务，以及更舒心、更体贴的智慧用能新体验，推动实现企业和客户共赢商机、共创价值、共同发展。

二、以市场为导向

"以市场为导向"就是企业以市场规律为自身经营的指导，以市场需求为方向进行生产经营活动的安排。"以市场为导向"的理念是"以客户为中心"理念的延伸。"以市场为导向"服务理念的提出，其根本原因是建设以客户为中心的现代服务体系的需要；直接原因则是由于电力市场化改革，国家逐步放开售电侧市场，带来的竞争，以及清洁能源发展带来的市场新需求。

随着我国经济水平的发展和产业结构的升级，客户用能需求向高效用能、绿色用能方向转变，例如节能服务的市场规模和潜力正在飞速增长。产业结构升级使得度电产值较低的高能耗产业生产持续走低，传统售电业务增长放缓，综合能源服务市场发展成为供电企业挖掘新盈利点的重要契机。

同时，随着新一轮电改的推进，供电企业的核心业务面临着竞争的压力，进行市场化转型迫在眉睫。"以市场为导向"对于供电企业的营销服务工作有尤其重要的指导意义，与过去最大的区别是，需要充分发挥自己的主观能动性，用市场化的方式开展营销服务工作。因此，各省的供电服务公司依据当地电力市场的特点，提出了各自的工作策略。例如，某省电力公司针对"以市场为导向"的理念，提出"聚焦新时代市场热点，积极开拓供电服务新业态"的工作任务，具体包含开拓市场化售电服务新业态、开拓综合能源服务新业态、开拓电能替代服务新业态、开拓电动汽车服务新业态、开拓分布式光伏服务新业态等多个方向。

三、全员营销

随着十九大以来国家发展战略调整和电力体制改革深化、优化电力营商环境政策的出台，供电企业提出了构建以客户为中心的现代营销服务体系，明确提出"以客户为中心，以市场为导向"的服务理念，某省电力公司在此基础上，进一步提出了"全员营销"的服务新理念。

营销是谁的工作？这是"全员营销"所要回答的核心问题。在营销界，有一个被奉为经典的观点是——"营销太重要了，以至于不能只把它看作是营销部门的事"。随着供电企业逐步走向市场化竞争道路，营销将扮演越来越重要的角色。因此，对于规模庞大的企业来说，"盲人摸象"的故事就难以避免要上演，负责生产的人员，就只关注生产是否顺利；负责财务的人员，就只关注财务是否稳健。不仅如此，在营销部门内，也有人认为，面向客户的营销就是一线销售人员的工作。

事实上，在现代的企业经营管理中，营销是一种全体参与、以市场为中心、整合企业资源和手段的科学管理理念，企业对企业的产品、价格、渠道、促销（4P）和需求、成本、便利、服务（4C）等营销手段和因素进行有机组合，实现营销手段的整合性，实行整合营销。同时全体员工以市场和营销部门为核心，研发、生产、财务、行政、物流等各部门统一以市场为中心，以顾客为导向开展工作，实现营销主体的整合性。

用通俗的语言来说，营销就是整个企业的整体行动，对于营销部门来说，营销更是所有人都需要参加的工作。

要正确理解"全员营销"，还需要厘清概念，"全员营销"不等于"全员推销"，不是让所有的人都去做"推销员"的工作。全员营销的真正含义是指各个部门、各个岗位，无论前台、中台、后台，无论直接接触客户还是间接接触客户，都要协同一致，共同提高营销工作的效率。

事实上，全员营销正是对"以客户为中心"和"以市场为导向"的贯彻实施。营销就是接受市场化竞争，"全员营销"就是要供电企业每位员工都接受市场化竞争，最终提高企业的综合竞争力，在市场化的进程中保持领先。

第三章

客户关系管理有哪些新的探索

近年来，国家电网公司在客户关系管理方面进行了大量积极有益的探索和实践。2018 年初国家电网公司启动"网上国网"建设，整合在线服务资源，打造客户聚合、业务融通、数据共享、创新支撑的统一在线服务平台。"网上国网" App 是构建现代营销服务体系的出发点、驱动变革的着力点、建设成效的检验点，是"网上国网"建设的关键内容，也是供电企业利用"互联网 +"技术对客户关系管理的有益探索和实践。

本章着重介绍国家电网公司在客户关系管理探索中的成功案例，如客户信用体系、客户价值体系和客户标签与客户画像等，为供电企业的客户关系管理探索提供参考。

第一节　客户信用体系

信用是现代社会中非常重要的信息，征信系统与我们的生活息息相关。信用管理包括两个方面，一方面是对客户的信用管理，另一方面是为了提高企业自身信用等级而实施的综合管理。供电企业对于客户的信用管理非常重视，主要是因为目前供电企业存在客户欠费和窃电等问题，这些都触及了供电企业的根本利益。

客户信用体系的建设与发展在供电企业电费管理、反窃电管理等方面具有非常重要的积极意义，主要体现在：

（1）预防因拖欠电费、窃电、违法违约用电、损坏电力设备等原因造成的供电企业利益的损害，减少人力物力成本，起到降本增效的作用。

（2）通过信用评价对客户进行优质、劣质分级，辅助企业进行营销决策：对优质客户更加积极地发展良好的信用关系，对劣质客户主动采取风险控制手段。

（3）针对客户信用等级提供更加高效的营销服务，配套客户缴费习惯，促进供电企业与客户的良性互动，树立良好企业形象。

一、客户信用体系的定义

客户信用体系是借助客户基础信息、交费行为、用电行为、社会信用信息等数据，建立评价模型，用一个信用评分来评估客户的信用水平。

二、客户信用体系的内容

由于我国各省、自治区、直辖市的地方信用体系建设和发展程度不同，所以国家电网公司的信用体系建设目前仍以各省公司为主，并未推行统一的、国网系统均适用的信用评分体系，各省公司都在逐步建立符合当地实际的客户信用体系。下面以 A 省电力公司为例，介绍客户信用体系是如何建设的。

（一）数据提取

整合公司内部营销系统、95598 客户系统、采集系统等数据库中的客户历史行为数据，提取客户的基础信息、交费信息、用电行为信息的基础标签作为模型输入数据源。

（二）建立评价指标

以信息质量、交费行为、用电行为三个指标作为客户信用的评价指标。对于每个指标，从若干个方面进行评估，对每个评估标准选定若干个细化指标进行衡量，如表 3-1 所示。

表 3-1　　　　　　　　客户信用体系评价标准表

评价指标	评估标准	细化指标	说明
信息质量	准确性	是否办理过新装、过户、档案维护等	这些信息的准确度要求较高
	完整性	基础信息完整性	是否有户名、地址、联系电话（公司电话）、证件信息
		附加信息完整性	微信、支付宝、App 绑定情况，邮箱，资产信息

续表

评价指标	评估标准	细化指标	说明
交费行为	交费时间	平均回款时长	指客户交费日与电费发行日的日期差的月平均值
		逾期交费率	指观察期内客户产生违约金的交费次数（逾期）占交费总次数的比例
		预收交费率	指观察期内客户通过预收方式交费的次数占交费总次数的比例
	交费金额	欠费金额	指观察期内应收电费与实收电费的差值
		欠费占比	指观察期内客户欠费金额占应交电费的比例
		代偿金额占比	指观察期内代偿金额占应交电费的比例
		陈欠电费	指观察期前客户历史陈欠的累计电费
		预收电费占比	指观察期内预收电费占应收电费的比例
		银行代扣不足次数	由于账户余额不足而导致扣费失败的次数
	交费渠道	交费渠道偏好	根据观察期内客户在各个渠道的交费次数进行排序，选出客户的偏好渠道，对渠道的评估标准是：预收、代扣等提前交费方式 > 电子渠道交费方式 > 现金交费方式等
用电行为	违约用电	违约用电次数	观察期内用电行为涉及违约用电的次数
		违约用电种类	观察期内用电行为涉及违约用电的种类数
		违约用电追补电费	观察期内用电行为涉及违约用电的追补电费
	违法窃电	违法窃电种类	观察期内违法窃电涉及违约用电的种类数
		违法窃电追补电费	观察期内用电行为涉及违法窃电的追补电费

（三）建立客户信用评价模型

信用评价模型运用数理统计方法以及数据挖掘技术，通过对客户基础信息、交费信息、用电行为等大量历史数据进行系统性分析，通过信用评价模型计算出每一位用电客户的信用评分。此评分是对客户历史行为的评定，分数越高，信用越好，分数越低，信用越差。

（四）输出信用标签

将客户信用评分分为七个分数段：AAAA[990，1000]、AAA[960，990）、AA[930，960）、A[900，930）、B[800，900）、C[600，800）、D[0，600）。

将这七个信用等级以标签的形式展现，作为客户信用等级标签。其中，评分在 A 级或以上的客户为守信客户，B 级为准失信客户，C、D 级为失信客户。

除信用等级标签外，增加信用评分的趋势类和突变类的衍生标签，记录各时期客户信用分数，更直观地展现和追踪客户信用的变动趋势，更全面地刻画客户信用表现，如表 3-2 所示。

表 3-2　　　　　　　　　　客户信用标签表

类别	标签	标签描述
信用等级	AAAA	信用非常好
	AAA	信用很好
	AA	信用较好
	A	信用好
	B	信用一般
	C	信用较差
	D	信用非常差
信用趋势	信用平稳	信用评分在考察期内没有较大变化
	信用增长	信用评分在考察期内持续上升
	信用下降	信用评分在考察期内持续下降
	信用波动	信用评分在考察期内忽高忽低，稳定性较差

三、客户分类和差异化服务策略

（一）客户分类

根据模型输出的客户信用评分、等级以及衍生标签将现有客户分为优质客户、信用波动客户、劣质客户及普通客户。

● 优质客户为在一段时间内信用表现良好，分数较高，信用稳定或增长的客户。

● 劣质客户为在一段时间内有明显违约行为，信用表现较差，信用分数较低或信用下滑的用户。

● 信用波动客户为在一段时间内信用分数时高时低，稳定性较差以及信用分数突变的客户。

● 剩余客户为普通客户。

（二）差异化服务策略

1. 优质客户服务策略

考虑在办理业务时对其提供绿色通道，优先办理业务，给予最优质的客户服务；适当推后其应收电费时间点，给予更宽裕的交费时间；定期向其赠送积分，积分可换取礼品或抵扣少量电费。

2. 劣质客户服务策略

考虑在办理业务时增加其履约意识，督促劝导其及时更新补充基础信息、按时交纳电费、办理预付费控业务、灌输安全用电和合法用电意识等；在完善客户信息、催收电费、用电检查工作中重点关注，及时预防其违约行为，减少对供电企业带来的损害。

3. 信用波动客户服务策略

监测其信用波动原因，指导其向优质客户发展。

4. 信用突降客户服务策略

定点监测其信用突降原因，重点观察。

第二节　客户价值体系

在电力改革的大背景下，电力市场的竞争日趋激烈，根据电改 9 号文及配套文件实施意见，未来售电市场将逐步放开，各地售电公司纷纷成立，在不久的将来，他们将成为传统供电企业在售电领域的有力竞争者。面对市场竞争，客户价值体系有助于供电企业对不同客户的价值进行判断，从而制定差异化的营销服务策略，提高服务质量，树立品牌形象，占据主导市场。

一、客户价值体系的定义

客户价值体系是从数据仓库中提取客户相关信息数据，通过建模计算评估客户的综合价值，对客户价值进行分级，借助标签库系统对客户进行精细化的分级服务，提升整体服务精细度。

二、客户价值体系的内容

为了更好地满足客户个性化需求，为客户提供差异化服务，国家电网公司开展了针对客户价值体系管理的建设工作，用于评价不同客户的综合价值。根据对客户综合价值的分类评价，可以指导营销服务人员进行差异化服务。

下面以 A 省电力公司为例介绍客户价值体系的建设。

（一）数据获取

从营销业务应用系统中提取相关字段，作为数据源。

（二）建立客户价值评定模型

依据客户类型，可以将客户价值评定模型分为评价企业客户的星级评价模型和评价居民客户的能量值评价模型。

1. 针对企业客户的星级评价模型

通过经济价值、发展潜力、信用价值、社会价值四项评价维度，对企业客户综合价值进行评定，再对每个维度进行指标细分，对每个指标设置权重，具体如表 3-3 所示。

表 3-3　　　　　　　　　企业客户星级评价模型

模型名称	评价维度	重要程度	细分指标	权重水平
企业客户星级评价模型	经济价值	★★★	年用电量	★★★
			合同容量	★
	发展潜力	★	年用电增长率	★
			行业用电增长率	★
	信用价值	★★	信用等级	★★
	社会价值	★	社会价值	★

注　每个指标的具体权重会随着发展需要进行更新迭代，表中只反映其比重水平。

2. 针对居民客户的能量值评价模型

通过信息情况、交费情况、用电情况、交互情况、成长情况五项评价维度，对居民客户进行能量值评价。居民客户评级模型建设思路如图 3-1 所示。其中，每项评价维度设置指标如表 3-4 所示。

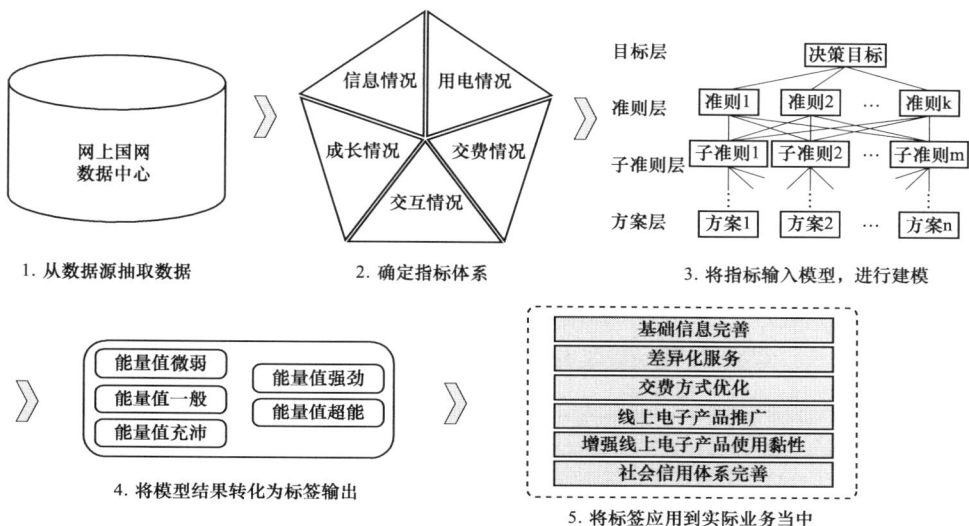

图 3-1　居民客户评级模型建设思路

表 3-4　　　　　　　　　居民客户能量值评价模型

模型名称	评价维度	评价指标	细分指标或说明
居民客户能量值评价模型	信息情况	信息准确性	基础信息准确性
		信息完整性	基础信息完整性
		自有渠道信息完整性	自有渠道信息完整性
	交费情况	交费时间	平均回款时长
			平均逾期时长
			逾期交费次数
		交费金额	月均交费金额
			预存电费金额
			预存电费倍率
		交费渠道	交费渠道偏好
			智能交费

续表

模型名称	评价维度	评价指标	细分指标或说明
居民客户能量值评价模型	用电情况	违约用电	违约用电次数
			违约用电追补电费
		窃电	窃电次数
			窃电追补电费
	交互情况	关注度	指客户在近 12 个月内，通过 95598 等渠道对电网工作的关注度
		自有渠道月活情况	指客户上个月在供电企业的线上交互渠道（掌上电力 App（2019 版）、微信公众号、支付宝生活号）登录情况
		自有渠道签到	指客户在近 12 个月内在"掌上电力 App（2019 版）"的签到情况
		自有渠道线上功能使用情况	指客户在近 12 个月内在"掌上电力 App（2019 版）"的功能使用情况
		自有渠道活动参与情况	指客户在近 12 个月内在"掌上电力 App（2019 版）"上参与活动的情况
	成长情况	能量豆等级波动情况	指客户近 6 个月内的等级波动情况
		连续按时交费	指客户在近两个月内自电费账单发行日起 10 天以内交纳电费
		自有渠道累计月活情况	指客户在近 12 个月在供电企业的线上交互渠道 [掌上电力 App（2019 版）、微信公众号、支付宝生活号] 登录情况

（三）对企业开展价值评估

1. 对于户龄满 2 年的企业客户

根据客户评价模型结果，将这些客户分为七个等级，如表 3–5 所示。

表 3–5   企业客户星级评定表（户龄满 2 年）

编号	星级	说明
1	一星级客户	得分在 250 分以下
2	二星级客户	得分在 250~300 分或者得分在 300 分以上且信用等级为 B、C、D 级
3	三星级客户	得分在 300~450 分且信用等级为 A 级及以上
4	四星级客户	得分在 450~700 分且信用等级为 A 级及以上

续表

编号	星级	说明
5	五星级客户	得分在 700~750 分且信用等级为 A 级及以上
6	六星级客户	得分在 750~850 分且信用等级为 A 级及以上
7	七星级客户	得分在 850 分及以上且信用等级为 A 级及以上

注　评定标准可能随着发展需要做动态调整，当前标准仅供参考。

2. 对于户龄未满 2 年的企业客户

按照当前合同容量进行评级，具体如表 3-6 所示。

表 3-6　　　　　　企业客户星级评定表（户龄未满 2 年）

编号	星级	说明
1	二星级客户	合同容量小于 5000kVA 或信用等级为 B、C、D 等级
2	三星级客户	合同容量在 5000~30000kVA 且信用等级为 A 级及以上
3	四星级客户	合同容量在 30000~50000kVA 且信用等级为 A 级及以上
4	五星级客户	合同容量 ≥ 50000kVA 且信用等级为 A 级及以上

注　评定标准可能随着发展需要做动态调整，当前标准仅供参考。

（四）对居民开展价值评估

将客户评分按分数分段，依次设置为 5 个不同的等级区间，如表 3-7 所示。

表 3-7　　　　　　居民客户能量值评定表

编号	星级	说明
1	超能	得分在 [700，1000] 范围内
2	强劲	得分在 [600，700）范围内
3	充沛	得分在 [500，600）范围内
4	一般	得分在 [400，500）范围内
5	微弱	得分在 [0，400）范围内

注　评定标准可能随着发展需要做动态调整，当前标准仅供参考。

同时将客户等级和近一年内客户的逾期次数、是否违约违法对应起来，将一年内逾期交费 2 次及以上的客户归类到微弱等级，将一年内逾期次数 1 次的客户归类到一般等级，将一年内无逾期交费记录的客户归类到充沛等级及以上。

（五）客户价值评估结果的应用

1. 企业客户

"臻享+"是A省电力公司"互联网+营销服务"创新基地研发的一款线上线下融合的服务产品，旨在为高压客户提供各项增值服务。"臻享+"服务针对企业客户，根据客户分级理念，展示客户星级以及享受的套餐。对于四至七星级的客户，将其认定为VIP客户。"臻享+"将四星级、五星级、六星级、七星级纳入标签体系，可通过标签库对VIP客户进行查找，用以进行"臻享+"的推广工作，同时为地市级供电公司进行高压企业客户增值服务提供依据。

2. 居民客户

在电力体制改革和互联网技术发展新形势下，客户对供电企业的服务要求不止停留于新装、用电、交费等基础服务，而是转为更智能、更多样的个性化服务理念。在这种背景下，聚焦居民客户的"能量豆"应运而生。供电企业可以为能量值评价高的客户提供各类特权服务，具体的特权服务参见第九章第二节）。

第三节　客户标签与客户画像

在大数据时代，数据呈现出海量化、多样化和价值化的变化趋势，深刻改变了传统行业的营销策略和服务模式。如何在海量数据中获取并筛选有价值的信息，成为电力行业的一大挑战。供电企业亟待充分利用数据驱动等技术手段深入挖掘客户信息以构建客户标签与客户画像，实现精准营销服务，提升自身营销能力和客户服务水平。

基于大数据理论，供电企业通过构建客户标签体系，准确识别客户特征，提升客户服务的精准化程度和差异化水平，提高各级工作人员对客户个体和群类特性的精准感知能力，有效定位工作方向和工作重点。

一、客户标签与客户画像的定义

（一）客户标签

标签是对业务对象特征的符号化表示，即通过对客户信息分析而得到的高度精练的特征标识。每个标签代表一种特征，利用标签将客户特征化，有利于将具有相同特征的客户数据进行抽取并深入挖掘，获取更多价值。

依据标签的生成方式，可将标签分为规则标签与手工标签两类。

规则标签：规则标签可分为简单标签和模型标签。简单标签是对业务数据的基本运算；模型标签是以业务应用为导向，对业务基础数据进行深度加工，并经过大数据建模挖掘形成的标签。

手工标签：手工标签是一些无法从系统层面分析得出的客户属性，比如出租户，纸质账单偏好等。业务人员可通过实地调研等方式为客户增加手工标签。

（二）客户画像

客户画像是一种勾画目标客户、联系客户诉求与设计方向的有效工具。客户画像建立的过程就是添加相应标签的过程。

通过标签与客户基础信息筛选客户（群），对目标客户（群）进行个体画像、群体画像等多种可视化展示和分析，可以在各种不同的需求下，更精准化地定位到相应的客户（群）。

客户标签与客户画像是指通过积极研究和理解用电客户特征，实现对客户需求的深入洞察，将有力辅助电力营销方案的策划和执行，提高营销策划的针对性和有效性。同时，供电企业能够有效共享内部数据，落实全流程客户满意度管理，促进供电服务智能互动水平全面提升。

二、客户标签与客户画像的内容

为了充分处理和利用海量客户信息，A省电力公司开展了针对客户标签和客户画像的建设工作，用于更加精准化的定位和营销。

（一）客户标签的应用

A省电力公司拥有电力客户的大量数据，通过对不同的客户群体进行区分，挖掘客户内在需求和价值，将客户特征显性化，以建立电力客户标签库。在电力客户标签库的基础上，进行数据的挖掘和分析，对不同价值及不同特征的客户进行定位，从而匹配相应的服务策略，为开展差异化和个性化的客户服务提供数据支撑。

1. 标签挖掘

A省电力公司整合了营销系统、客服系统、一体化交费平台等各大业务系统数据，提炼客户特征，初步形成客户标签体系。客户信用与电费风险主题标签库分为三级结构：一级分类包括基本属性、用电行为、交费行为、关联信息、市场拓展、客户评价和互动服务七大类；二级分类在此基础上分为37个子类；

三级分类在二级基础上设计 225 个标签。客户标签库可随着应用场景的不断挖掘进一步拓展,目前已覆盖全省 2700 万客户。

2. 标签管理

A 省电力公司建立了一套集标签查询、管理、应用为一体的标签库管理综合平台,作为客户标签体系应用管理的载体,为客户标签体系应用提供系统支撑保障,实现标签创建、修改、审批、发布、执行、评估、下线的生命周期管理。

(二)客户画像的应用

1. 特征识别

客户画像能够帮助供电企业迅速识别客户特征,针对不同客户快速做出反应。例如,当客户进入营业厅时,通过刷身份证取号,系统自动识别其业务需求类别,自动分配受理柜台。运用客户的多个标签能形成鲜明的客户画像,帮助供电企业提升服务效率,降低服务风险。

2. 个性服务

基于客户画像,供电企业可以提供个性化服务,满足不同客户的需求。例如,通过客户标签,可对出租房客户进行精准细分,将租户细分为老旧小区群租房、学区房租户等群体。根据细分后的各类租户特征,开发定制应用策略,匹配相应的智能服务包,开展精准服务。针对"老旧小区群租房"租户存在的线路老化、电费回收难等特征,进行线路改造、推行预付费控;对"学区房"租户通常夜间用电量大等情况,推荐办理峰谷用电。

3. 风险防范

依托客户画像,供电企业可建立客户信用评价体系,进行风险客户识别,并分析客户信用变化趋势及潜在风险。以电费风险防范为例,通过客户标签的应用,催费人员只需要根据高、中、低风险标签就可以精准锁定重点催费对象,可实现居民、非居民电费风险差异化策略制定和应用,提高电费回收的效率。

4. 潜力挖掘

通过客户画像,供电企业可进行客户和市场潜能挖掘。例如,电能替代推广可建立大数据挖掘算法,对各行业客户分别建模,分析替代企业的共性特征;结合行业特点、用电特性、企业经营状况的标签组合,帮助供电企业精准定位"潜在电能替代"客户群体,提高营销推广的成功率。因此,通过客户画像,供电企业能在多个行业的客户、多个区域的市场进行潜能挖掘。

PART 2

知识与技能

客户关系管理对企业而言是重要的经营策略和理念，对一线的营销服务人员，尤其是客户经理而言，则是核心的工作职责。如何获取客户、建立和维护好客户关系，利用客户关系为企业创造更多价值，是客户经理们需要掌握的客户关系管理的知识和技能。

本篇内容主要针对服务高压客户的大客户经理，介绍了电力大客户关系管理工作各环节中所需的相关知识和技能，例如电力大客户的认知与分类，客户关系的建立、客户关系的维持、流失客户的挽回、客户关系的高效应用等。此外，还介绍了利用"大云物移智"等新型技术开展对居民客户的关系管理工作，为一线营销人员的具体工作提供帮助。

第四章

谁是我们的客户

本章主要介绍供电企业的客户对象及范围、客户信息的收集和管理、传统电力客户分类方法与基于价值的新型客户关系分类管理等内容，帮助一线营销人员建立正确的客户认知，并指导其管理客户信息，对客户进行有效的分类与管理，提高对客户的服务水平。

第一节　客户识别与分类的重要意义

恰当的客户分类对于客户关系管理具有重要意义，而客户识别又是进行客户分类的前提。对于电力行业来说，客户的有效性识别并不困难，这是由电力行业的特殊性决定的。一方面，供电企业所提供的产品和服务都是"电"，因此，从传统的概念来讲，供电企业的客户就是用电的主体，包括居民、政府、企业、商铺、事业单位、综合体等。从本质上来说，只要能够为企业带来价值的都属于客户的范畴；另一方面，电能在国民经济体系中起着基础性作用，电能的需求是普遍的而且短时间内无法替代，因此，短期内客户群体不会发生大的变动。

既然电力的需求是稳定的、消费者也不太可能用其他种类的能源消费来代替电能，那么电力营销工作中还有必要搞客户分类吗？

答案当然是肯定的。电能是一种特殊的商品，它的消费具有普遍性，国民经济各行业、社会大众都有需求。正是因为电能对国家经济稳定、社会发展有基础性、战略性作用，以及电能本身的特殊物理属性，使供电企业成为一种天然垄断企业，而恰恰是"垄断"二字，导致不少客户对电力行业有了一些偏见和误解。但是，其他服务行业或者国有企业存在的一些问题或者缺陷，常常在供电企业是不被容忍的，甚至会掀起轩然大波。因此，为提高客户满意度，提升企业形象，树立"诚信、责任"的国企形象，供电企业必须对客户进行分类管理，提供多样化、个性化的供电服务，不断塑造服务标准，配合推进各项电网运营业务的开展。

第二节　客户识别与客户信息管理

想要建立系统的客户识别与认知，就需要对客户信息进行收集与管理。电力客户的市场化信息管理是一个系统化的工作，包含了信息收集、信息管理、信息维护、信息应用等工作步骤，通过这些工作步骤将原始的客户信息转化为能够直接辅助营销工作的信息。

一、客户信息的定义及分类

（一）客户信息定义

信息是用于了解某些内容的必要元素。客户信息是指关于客户的行为、喜好、需求、联系方式等方面的资料。对于供电企业来说，客户信息是包含客户基础资料、联系方式、客户需求、客户细分、客户偏好等一系列用于描述客户相关的属性、性质、用电行为等内容的信息集合。此处的客户信息是指大客户的信息。

（二）客户信息分类

依据电力客户信息的性质，可以将其分为基础信息、用电信息、发展信息、服务信息、用能信息、费用信息六类。

1. 基础信息

客户基础信息是指涉及客户信息中比较基本和概括性的信息，包括客户类型、账务信息、用电用能概括性信息等。通过记录和整理这些信息，能够更好地了解客户的总体业务情况。主要包括以下内容：

（1）企业基础信息：户名、户号、地址、客户编号、客户等级、邮编、营业执照、社会统一代码、开户银行、银行账号、行业类型、企业性质、企业规模。

（2）法人基础信息：法人代表（企业负责人）姓名、身份证号、联系方式（手机／座机号码）。

（3）其他负责人信息：电气负责人姓名、身份证号、联系方式（手机／座机号码）；财务负责人姓名、身份证号、联系方式（手机/座机号码）。

2. 用电信息

客户用电信息是指围绕客户用电业务的信息，包括业扩报装信息、供电方案、负荷、客户用电行为等信息。记录这些信息，有利于了解客户的用电情况，从而掌握客户对于用电的需求，挖掘客户的潜在需求；同时，了解客户用电可能存在的问题，帮助客户更好地解决问题。主要包括以下内容：

（1）业扩报装相关信息：申请时间、申请方式、电费、耗时、业务类型、用户分类、用电类型、容量、负荷性质。

（2）供电方案相关信息：受电点、受电容量、供电电压。

（3）负荷情况信息：负荷变化时间、用电量、均价、需量、无功补偿。

（4）计量信息：计量方式、计费方法。

（5）自备电源信息。

（6）用电行为信息：违约用电记录时间、种类、违法窃电种类、频数、频率。

3. 发展信息

客户发展信息是指涉及客户公司的发展情况、规划等，通过记录这些信息，能够更好地了解客户的发展潜力，挖掘客户的潜在用电用能需求，寻找可能的合作机会。主要包括以下内容：

（1）企业性质、行业类型、企业规模、技术实力等。

（2）行业竞争、行业排名、市场份额等。

（3）企业发展规划、发展阶段、改（扩）建计划、重大项目等。

4. 服务信息

客户服务信息管理是指供电企业与客户在用电服务方面的接触与交流，包括业扩报装、定期的用电检查、维修、增值服务，以及客户对于供电企业员工工作效率、服务态度等的评价信息。客户服务信息的记录有利于了解客户的用电情况、对供电企业的态度，从而改善客户服务，提高客户服务满意度。主要包括以下内容：

（1）业务类型：增容、减容、暂停（恢复）、临时用电、销户等。

（2）用电变更类型、申请时间、具体内容、服务满意度等。

（3）用电检查、申请时间、检查人员、联系方式、检查结果、服务满意度等。

（4）应急抢修、增值服务、客户拜访、客户回访、客户来访、客户线上交流记录、客户个人信息等。

5. 用能信息

客户用能信息管理是指围绕客户购买、使用能源的相关信息，包括客户用油、热能、煤气、光伏、风能以及用能中断、故障报修等信息。通过这些信息，可以了解客户的用能情况，从而掌握客户对于用能的需求，挖掘客户的潜在用能需求，实现新能源使用的转化；同时，根据记录的用能信息，可以了解客户用能的潜在问题，帮助客户更好地解决问题。这些信息主要来源于客户的用能申请表单和维修记录等。主要包括以下内容：

（1）能源输入：类型、时间周期、占比、市场价格、主要用途、供给风险等。

（2）能源消耗：类型、对应设备、占比、主要用途等。

（3）分布式能源：类型、设备、成本等。

6. 费用信息

客户费用信息是指与客户应该缴纳的用电用能费用相关的信息，包括客户的总费用、费用分布、交费行为、欠费行为等。这些信息主要来源于客户的费用账单记录。通过这些信息，可以了解客户的用电用能情况，根据交费信息推测用户可能的用电用能变化情况；尤其是对欠费行为等的掌控，采取相应的行动促进客户按时交费。主要包括以下内容：

（1）交费时间、交费周期、电量、总费用、欠费金额、欠费占比、预售电费占比等。

（2）银行代扣不足次数、逾期交费率、预收交费率、平均回款时间、交费渠道等。

二、客户信息的作用

客户信息在营销工作中的作用主要包括以下几点：

1. 营销决策的基础

掌握客户信息，有助于供电企业对客户需求、客户价值、客户信用等重要信息进行准确判断，从而合理分配资源，做出正确的营销决策。

2. 客户沟通的基础

掌握客户信息，可以针对客户的需求，更高效地与客户展开沟通，既减少了沟通成本，又能够收获较好的反馈结果。

3. 客户满意的基础

掌握客户信息，有助于营销服务人员了解客户个性化需求，为客户提供具有针对性的服务，从而提高客户满意度。

三、客户信息的收集

客户信息的收集渠道和方法有多种，具体如下。

（一）主要方式：在业扩报装工作中收集

有的营销服务人员将客户信息收集看作是一项独立的工作，认为这会增加工作量，其实不然。据统计，绝大部分的客户信息其实是在日常的业务工作中自然完成的，其中，业扩报装是收集客户信息最为主要的渠道。根据业扩报装的工作流程，可以收集到的客户信息归纳如下：

1. 业务受理及现场勘查

通过营业厅、95598 客户服务电话及网上客服系统等渠道受理业务后，需要进行现场勘查并填写现场勘查单。这张现场勘查单包含了丰富的基础信息与用电信息，以高压客户的业扩现场勘查为例，可以收集的主要信息如图 4-1 所示。

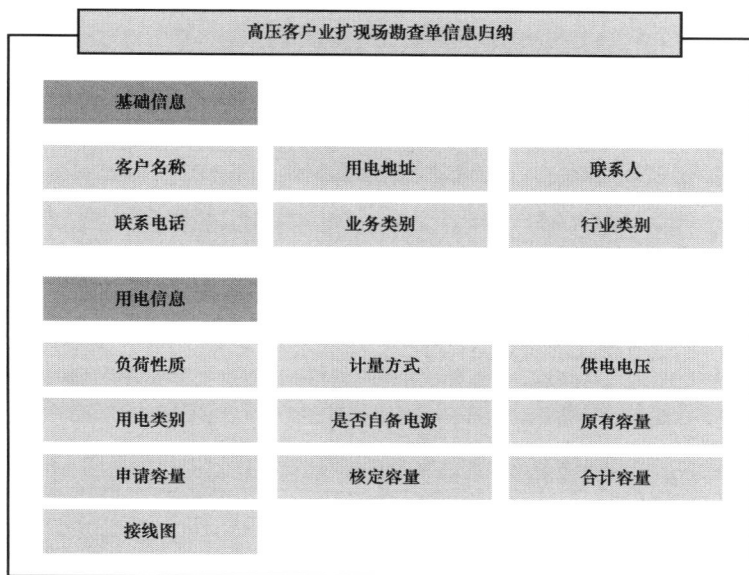

图 4-1 现场勘查主要信息归纳（一）

高压客户业扩现场勘查意见信息归纳

用电信息

供电电源　　　　　电力用途　　　　　负荷特性

变压器台数　　　　变压器容量　　　　箱式变电站还是配电室

变压器类别　　　　计量方案　　　　　计费方案

供电线路敷设方式

拓展信息

拟定客户分级

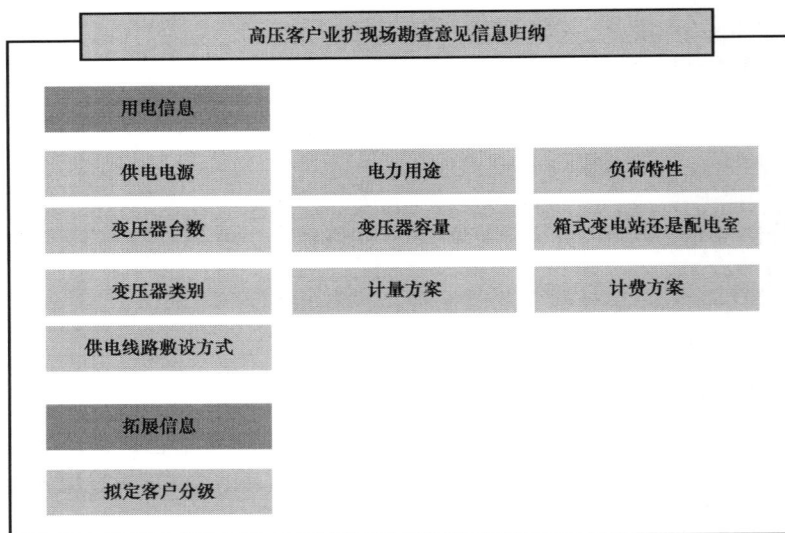

图 4-1　现场勘查主要信息归纳（二）

2. 供电方案确定与答复

在供电方案的确定与答复过程中，包含客户提供申请资料和反馈供电方案两个主要步骤。其中，客户提供的申请资料中包含了较为丰富的信息，根据常见的工作情景，主要包括居民客户、个体工商户、企事业单位、房地产开发项目等，具体如图 4-2 所示。

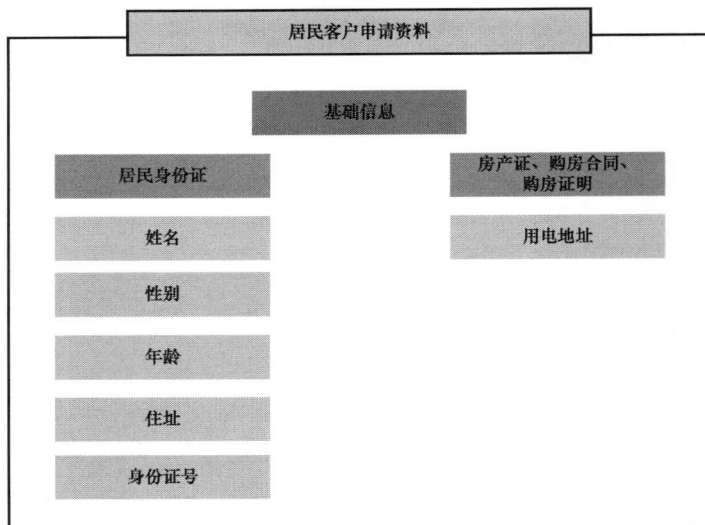

居民客户申请资料

基础信息

居民身份证　　　　　　　　　房产证、购房合同、
　　　　　　　　　　　　　　购房证明

姓名　　　　　　　　　　　　用电地址

性别

年龄

住址

身份证号

图 4-2　供电方案确定与答复主要信息归纳（一）

个体工商户申请资料

基础信息

法人资料	营业税务	产权
法人身份证	税务登记证/营业执照	产权证明
经办人身份证		租赁证明
授权委托书		租赁授权委托书

法人姓名	企业名称
法人性别	税务登记代码
法人年龄	生产经营地址
法人住址	生产经营范围
法人身份证号	

企事业单位申请资料

基础信息

法人资料	营业税务	产权
法人身份证	税务登记证/营业执照	产权证明
经办人身份证		租赁证明
授权委托书		租赁授权委托书

用电信息

用电基础信息	政府职能部门
用电设备明细表	项目立项批复文件
建筑总面积图	项目立项设计图纸
近期及远期用电容量	建设工程规划许可证
配变电设施规划设计	

法人姓名	企业名称	用电设备
法人性别	税务登记代码	用电容量
法人年龄	生产经营地址	线路图纸
法人住址	生产经营范围	
法人身份证号		

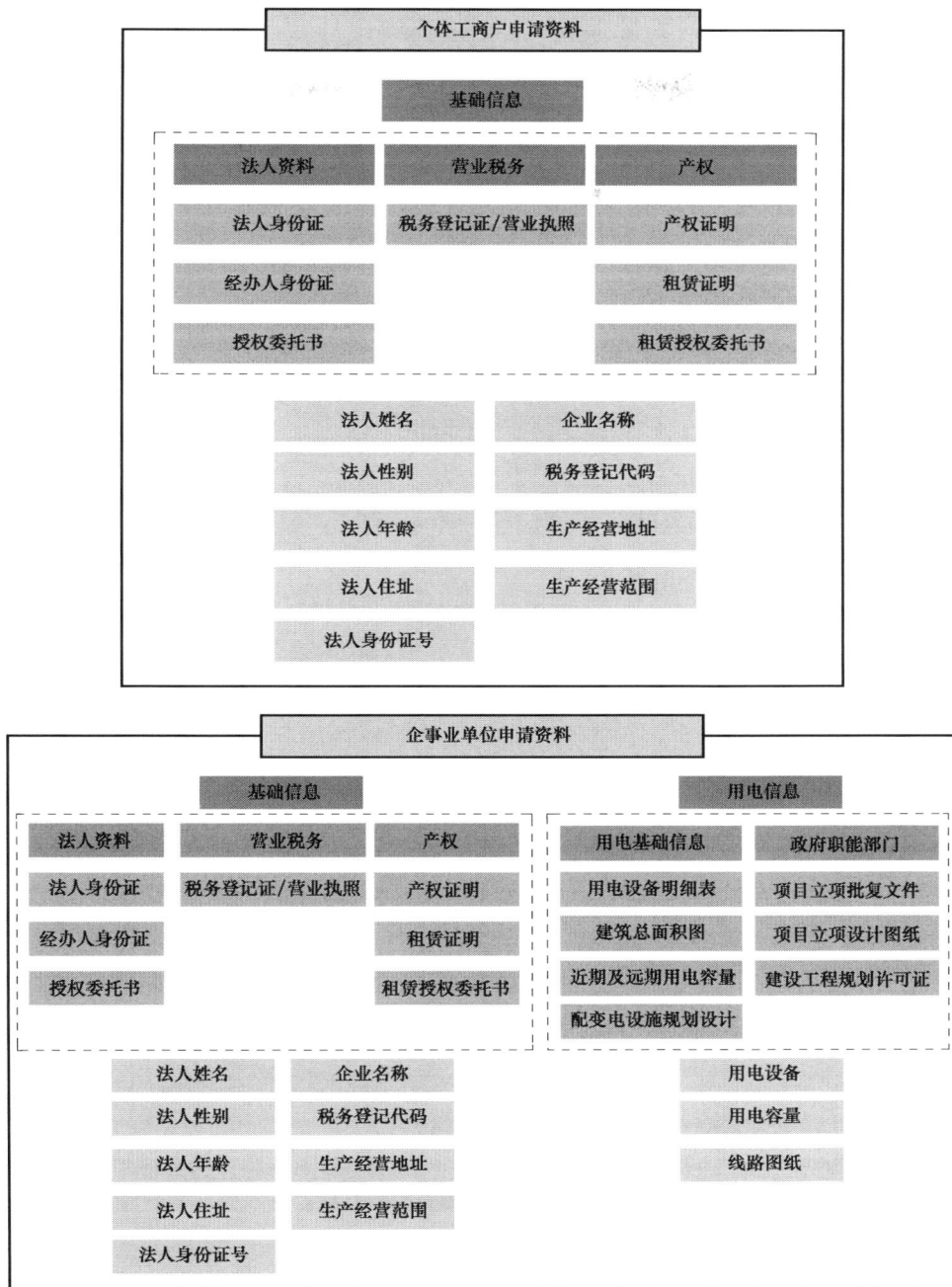

图 4-2 供电方案确定与答复主要信息归纳（二）

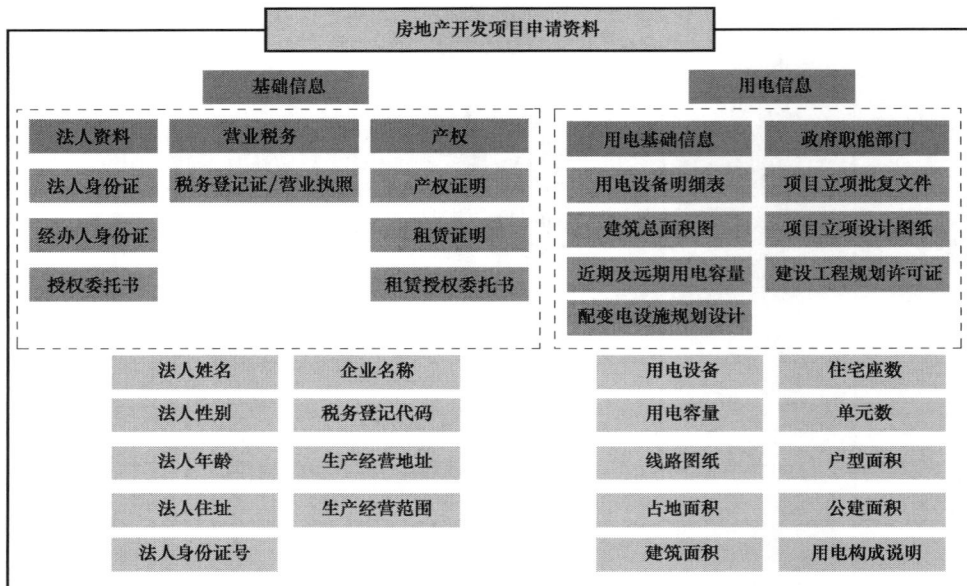

图 4-2　供电方案确定与答复主要信息归纳（三）

3. 供用电合同管理

供用电合同是供电企业与客户签订的法定合同，是明确双方责任义务的重要文件。供用电合同中包含了诸多客户信息，如图 4-3 所示。借助供用电合同，可以便捷地查阅相关客户信息。

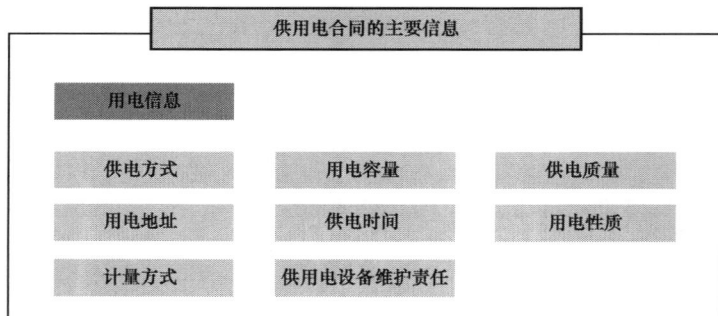

图 4-3　供用电合同包含的信息

4. 业扩工程管理

业扩工程管理包含工程设计、设计审查、设备购置、工程施工、中间检查、工程验收等流程，期间可以获得客户信息的相关内容。

以受电工程竣工验收为例，其包含的主要信息如图 4-4 所示。

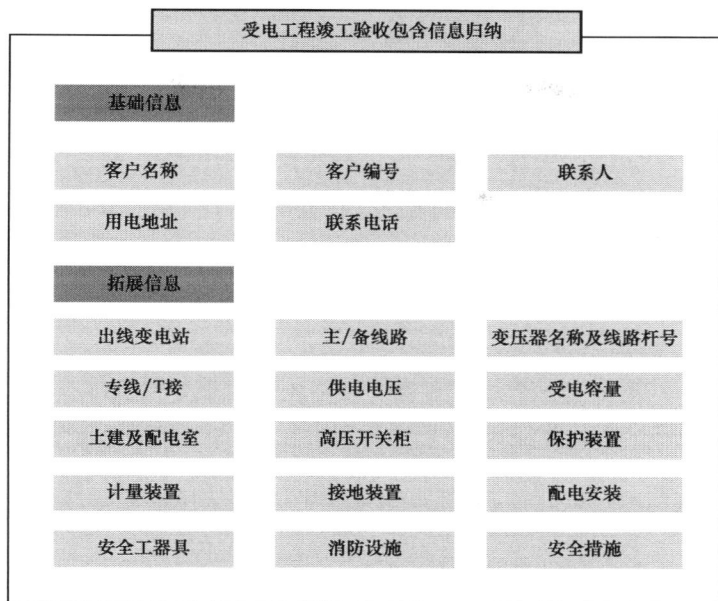

图 4-4　受电工程竣工验收包含信息归纳

5. 装表接电

装表接电是业扩报装的最后一个主要流程，在此阶段可以对此前所收集的客户信息进行核验。

（二）次要方式：在其他工作中收集

在其他的业务办理过程中，也可以收集客户信息，作为主要方式的辅助与补充。根据常见的业务种类，信息归纳如表 4-1 所示。

表 4-1　　　　　　　其他常见业务办理中收集的信息

业务种类	主要收集的信息
低压过户（更名）	户名、用电地址、负荷性质、用电容量、用电类别、交费记录等
居民峰谷变更	户名、户号、证件资料等
高压增、减容（恢复）与暂停（恢复）	电压、容量等
用电检查	违约用电记录、违法窃电记录、线路信息、用电隐患等
电费抄收	交费方式、交费渠道、交费时间、交费金额、开户银行等
电力计量	设备信息、用电隐患等

（三）辅助方式：通过其他渠道收集

对于日常工作中难以收集到的客户信息，可以借助其他方式进行收集，比如企业高管的联系方式等，可以借助政府部门（如经信委、发改委）等组织相关活动与会议（如能效管理会议）等进行收集。还可以查阅相关的权威报纸、杂志、图书期刊、各类网站等进行收集。

四、客户信息的管理与维护

（一）客户信息管理

客户信息的管理与维护是非常重要的，主要包括建档建库、管理人员、使用权限与流程、安全管理。

1. 建档建库

营销人员从多方渠道收集到的客户信息，按照统一的规范进行整理后汇总，建立数据库和客户信息档案进行存储。

2. 使用权限与流程

客户信息具有敏感性，因此对信息的使用应该设置一定的权限和流程。在使用具有敏感性、重要性的信息时，需要向上级领导或单位提出申请，经过批准后才可以使用信息。

3. 安全管理

在使用客户信息时，应该注意保护客户信息的安全，不可外泄。为此，需要建立信息安全管理制度，对相关人员开展信息安全教育。

（二）客户信息更新维护

客户信息需要保持准确性与完整性，所以有必要对其进行及时的更新和维护。客户信息管理人员需要对信息进行更新、检查、纠错、补充等工作。

一般来说，客户信息的更新维护可以分为两类：

1. 主动更新维护

主动维护是指营销服务人员由于工作需要主动向客户了解信息是否准确、是否有变动等。主动维护一般定期进行，目的是及时核验客户信息，确保信息准确有效。

2. 被动更新维护

被动维护是指当客户需要办理业务或获得其他服务时，通过各种渠道（包括线上的各类 App、微信，线下的营业厅、供电所等）提供信息，进而由营销服务人员或系统人员进行信息维护。

第三节　传统电力客户分类及其不足

　　传统的电力客户分类方法主要是根据客户报装的流程和对供电可靠性的要求分类。这两种分类方法曾经在电力营销工作中起着十分重要的作用，然而，随着售电侧市场的逐步开放，它们越来越难以适应满足客户日益增长的服务需求。因此，有必要对这两种分类方法进行分析，以明确它们的不足之处。

一、根据客户报装的流程分类

1. 分类方法

　　根据客户报装的流程，主要依据客户的用电性质和业务性质来对客户进行分类。由于电力的特殊性，目前供电企业对电力市场客户按电价类别可分为工业用电、农业用电、商业用电与居民生活用电等客户。

　　工业用电是指以电力为初始能源从事工业性产品（劳务）的生产经营企业，运用物理、化学、生物等技术进行加工和维持功能性活动所需要的一切电力。采掘工业、加工工业和修理厂及电气化铁路牵引机车（不论企业经济性质，不论行业和主管部门的归属）的生产经营用电统称为工业用电。

　　商业用电是指从事商品交换或提供商业性、金融性、服务性有偿服务消耗的电量（不分照明和动力）。

　　包括但不限于：

　　（1）商业销售业：如商场、商店、批发中心、超市、加油站等；

　　（2）物资供销、仓储业等；

　　（3）宾馆、饮食、服务业：如宾馆、饭店、招待所、旅社、酒店、咖啡厅、茶座、餐馆、美容美发厅、浴室等；

　　（4）文化娱乐场所：如收费的旅游点、公园、影剧院、网吧、健身房、体育运动场所、歌舞厅、卡拉OK厅等；

　　（5）公路收费站，铁路、公路、水运、航空机场等客运站用电，对外营业的停车场用电；

　　（6）金融企业、邮政、通信营业大厅，从事咨询服务、信息服务、广告服务、旅游服务的经营场所，从事商业性的家政、中介等场所，房地产经营场所；

（7）其他服务业：洗染店、彩扩、摄影店等；

（8）商业广告、商业场所户外灯饰用电。

住宅用电是指城乡居民家庭住宅，以及机关、部队、学校、企事业单位集体宿舍的生活用电。

非工业用电是指除工业用电、商业用电、住宅用电以外的其他用电。临时用电也属非工业用电类别。临时用电指对基建工地、农田水利、市政建设等的非永久性用电，可供给临时电源。使用临时电源的客户不得向外转供电，也不得转让给其他客户，供电企业也不受理其变更用电事宜。如需改为正式用电，应按新装用电办理。

2. 存在问题

这种根据用电性质与业务性质的分类方法，对于供电企业来说是方便高效的，也为电力营销工作的开展带来一定的积极作用。然而，却给客户的业扩报装带来了许多麻烦。客户为了完成一个流程，需要耗时去跑多个部门。造成这一现象的根本原因在于，供电企业的分类方式是从自己的业务流程出发，是为了自身开展业务的方便性，而不是从客户的角度出发，考虑不同客户的利益需求。

供电企业考虑自身的业务实施的便利性无可厚非，但为了能够给客户提供更好的服务，需要在自身工作效率和提供客户方便之间找到一个双方都能接受的方法。这就需要营销人员对用电业务报装流程进行再设计，一是合并类似的流程或者步骤，二是减少不必要的流程，三是尽量合并缴费。对业扩报装流程的改造设计也需要营销、生产部门管理员工来做，可能的话也应该邀请客户代表对各类报装、业扩流程进行听证、广泛听取客户意见，综合各方面的建议，制定企业与客户都能接受、便捷、高效的流程管理办法。

二、根据供电可靠性要求分类

1. 分类方法

根据对供电可靠性的要求以及中断供电的危害程度，重要电力客户可以分为特级、一级、二级重要电力客户和临时性重要电力客户。

特级重要电力客户是指在管理国家事务中具有特别重要作用，中断供电将可能危害国家安全的电力客户。

一级重要电力客户是指中断供电将可能产生下列后果之一的电力客户：

（1）直接引发人身伤亡的；

（2）造成严重环境污染的；

（3）发生中毒、爆炸或火灾的；

（4）造成重大政治影响的；

（5）造成重大经济损失的；

（6）造成较大范围社会公共秩序严重混乱的。

二级重要客户是指中断供电将可能产生下列后果之一的电力客户：

（1）造成较大环境污染的；

（2）造成较大政治影响的；

（3）造成较大经济损失的；

（4）造成一定范围社会公共秩序严重混乱的。

临时性重要电力客户是指需要临时特殊供电保障的电力客户。

除重要电力客户以外的其他客户，统称为普通电力客户。

2. 存在问题

这种分类主要是依据当客户停电时造成的损失大小（人身、财产损失）和社会影响确定的，但是这种分类方法难以指导供电企业进一步提高电力营销的整体水平。对于重要电力客户而言，无论是客户自身还是供电企业，早已给予较大的关注，其占据的电力营销资源没有进一步的提升空间了。恰恰是居民客户、小商户、小型企业等一些小客户对于电力需求的多样性或丰富性难以满足，从而造成一定的供用电矛盾，甚至是一些群体性事件的发生。如果再通过网络传播手段，进一步扩大了事态，会给供电企业的形象造成严重的损害。

因此，在进行客户分类的时候，仅仅依据客户的重要性进行的分类是不够的，还要与时俱进地分析各类客户的需求，并在现有分类的基础上对电力客户进行再细分，将电力营销资源在所有客户中进行恰当、有效地配置。对于中小客户的诉求，应满足他们的知情权、消费权和多样化的需求，才能创造良好的社会舆论环境，推进供电企业各项工作顺利开展。

第四节　基于价值的新型客户分类

传统的电力客户分类方法带有浓厚的市场管理色彩（便于进行市场管理），

并没有形成以客户价值大小为主线的分类体系。新型的客户分类管理应该是以价值为基础，保证供电企业的经济效益，同时以高危等级为辅，承担好供电企业的社会责任；最后，以社会舆情潜在危险等级分类为补充，维护好供电企业的社会形象。

一、以价值分类为主

在新的市场经济条件下，盈利问题已经成为供电企业参与市场竞争的前提。对于供电企业而言，依据客户的价值走向对客户进行分类，是电力营销中一种十分有效的分类方法。

然而，供电企业尚缺少该种对于客户进行分类管理的一套系统化的模式，如何定义电力客户的价值是此种模式的关键。一般来说，供电企业既可以按照电力客户的受电容量来进行确认，也可以按照客户的年度电力消费多少来确定，由于供电企业有着完整的客户电力消费记录，可以比较容易确认哪些是大客户。

用电量越大的客户，其相应的附加服务或者增值服务就越大。因此，在对客户价值分类的基础上，还可以通过对电力客户连续的用电量的比对，进行更深度的价值挖掘。虽然供电企业目前为客户提供免费的用电方案设计，但是这仅仅是一种较低的价值挖掘，没有充分利用供电企业所拥有的技术、人才、设备等资源。其实，从前期规划设计到后期电能使用、客户设备更新换代、人员培训、日常安全保护等，供电企业都可以根据客户价值的不同提供相应的有偿服务，这一方面满足客户的需要，另一方面也能增加企业盈利。

除此之外，供电企业在评价客户对于企业的价值时，不仅要参照当前的价值表现，还要依据其潜在的价值表现。也就是说，对客户在未来生命周期中给企业带来的利润贡献进行预测判断，这是影响供电企业是否继续投资于该客户关系的一个重要因素。另外，供电企业在评价客户时考虑的因素众多，且不同行业、不同企业、不同的外部环境下考虑的因素又有所侧重。对于供电企业，影响当前价值和潜在价值的因素主要有利润、经营现状、信誉、客户形象、客户的增量购买等。遵循上述原则，本书提出图4-5所示的电力客户价值评价指标体系。

```
                                                    ┌─ 年售电量
                                    ┌─ 当前经济贡献 ──┼─ 年平均电价
                                    │                └─ 年利润贡献率
                                    │                ┌─ 设备可靠性及运行环境
                                    │                │
                    ┌─ 当前价值 ─────┼─ 用电管理水平 ──┼─ 安全管理水平
                    │               │                └─ 工作配合情况
                    │               │                ┌─ 违约用电次数
                    │               ├─ 客户信用情况 ──┼─ 年平均欠费率
客户价值 ───────────┤               │                └─ 供用电合同履约率
                    │               │                ┌─ 客户知名度
                    │               └─ 客户社会影响力 ┴─ 客户美誉度
                    │                                ┌─ 客户负荷增长
                    │                                │
                    └─ 潜在价值 ──── 客户的发展潜力 ──┼─ 客户电量增长
                                                     ├─ 客户关系水平
                                                     └─ 客户忠诚度
```

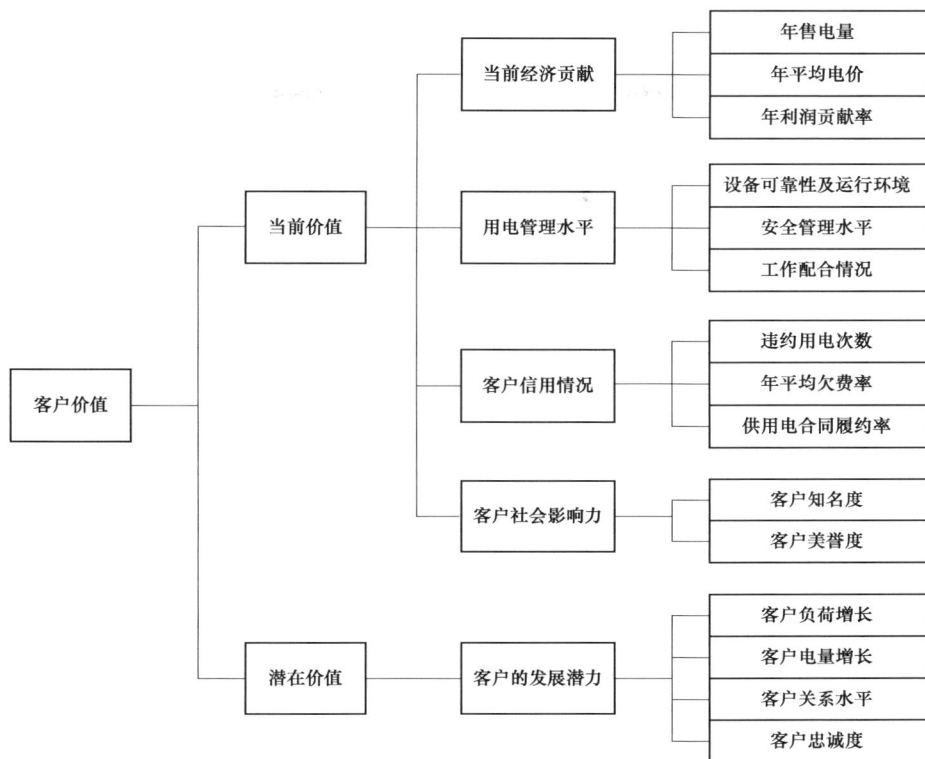

图 4-5　电力客户价值评价指标体系

二、以高危等级分类为辅

实际上，供电企业自身是具有一定的特殊性的，供电企业一方面要承担重大的社会责任，另一方面也需要获得一定的利润来维持企业的竞争，促进企业的发展。根据供电企业自身的特性，仅以价值走向对客户进行分类是不够的，因此，在分类中可以引入危险等级理念。比如说，一些客户的用电量并不大，但是由于该客户所处的特殊社会地位，如果对其的电力供应出现问题，会对人民的生命财产和社会安全、发展带来严重影响。那么，这些客户可以分类为高危客户，企业应该充分地利用自身的技术水平来保证高危客户的供电安全。

三、以社会舆情潜在危险等级分类为补充

现在，有些供电企业利用社会舆论的潜在危险等级对进行客户分类，这也是对价值分类的有效补充，是风险等级分类的一种延伸。随着经济发展和社会

进步，客户的维权意识也在不断加强。同时，互联网的不断发展使信息传播速度得到了质的飞跃。目前，当客户对供电企业的服务感到不满，不仅会引发投诉，互联网也已经成为客户反映问题的一个重要渠道。由于互联网的快速传播，这些投诉或问题处理不当就会引发网络上对供电企业的不良舆论，造成社会舆情危机。尽管在出现社会舆情危机时，供电企业能够对其进行积极的引导，转危为机，营造负责任国企的社会形象，但是，社会舆情依旧是供电企业期望防范的风险。因此，供电企业可以利用潜在社会舆情的影响程度、发生概率等综合评估企业的社会舆情潜在风险等级，并依此对客户进行分类，从而制定特色化的服务产品，为客户关系管理提供指导。

TIPS：综合能源市场和电力衍生市场的细分

我国综合能源市场和电力衍生市场是在政策、经济、技术等多方面因素共同影响下形成的动态变化的市场。从近期来看，我国综合能源市场和电力衍生市场总体上处于扩张期，市场前景看好，其市场庞杂，细分市场为数众多，大体上可归为综合能源服务市场、能源金融服务市场、能源衍生服务市场三大类。

一、综合能源服务市场

综合能源服务市场主要包括以下八个细分市场：

（1）综合能源输配服务市场：包括投资、建设和运营输配电网、微电网、区域集中供热／供冷网、油气管网等，为客户提供多网络、多品种、基础性的能源输配服务，同时为其他能源服务业务的开展提供网络基础设施支持。

（2）电力市场化交易服务市场。

（3）分布式能源开发与供应服务市场：目前，发电企业、供电企业、燃气企业等均积极向综合能源服务产业链的上游拓展，开展多种类型的分布式能源开发与供应服务，包括分散式风电、分布式太阳能、生物质能、余热余压余气开发利用服务、天然气三联供以及区域集中供热／供冷站的投资、建设、运营服务等。

（4）综合能源系统建设与运营服务市场：包括终端一体化集成供能系统、风光水火储多能互补系统、互联网＋智慧能源系统、基于微电网的综合能源系统、基于增量配电网的综合能源系统等的投资、建设、运营服务。

（5）节能服务市场。

（6）环保用能服务市场。

（7）综合储能服务市场：包括电力储能、储热、储冷、储氢等的相关服务。

（8）综合智慧能源服务市场。

二、能源金融服务市场

能源是国民经济的基础产业，能源生产、加工转换、输配、储存、使用诸多环节均有能源金融服务需求。自 2008 年以来，我国能源工业投资规模呈快速增长态势，2018 年投资规模超过 3 万亿元。在能源革命背景下，能源投融资服务需求进一步增加，特别是能源绿色金融服务需求快速增长。

从绿色债券发行情况来看，2018 年，中国依然是全球最大的绿色债券发行国，中国境内外发行绿色债券合计近 3000 亿元，其中相当比例的资金投向了节能服务、分布式能源开发利用服务等综合能源服务领域。上市融资是综合能源服务投融资的重要渠道。据不完全统计，截至 2018 年底，在上市板块中，从事节能服务业务的上市公司数量有 100 多家；从事节能服务业务的新三板挂牌企业有数百家。能源行业的金融化是国际发展潮流和趋势。可以预期的是，未来我国能源金融服务市场具有相当大的发展空间。

三、能源衍生服务市场

全社会能源衍生服务需求广泛，包括碳交易服务、能源技术交易服务等。在碳交易服务领域，全国碳市场建设在加快推进中。按照成熟一个纳入一个的原则，未来逐步纳入电力、钢铁、有色、石化、化工、建材、造纸、航空 8 大行业，至 2022 年碳市场规模预计达到数千亿元，服务需求将越来越大。在能源技术交易服务领域，在国家能源科技进步相关政策的促进和支持下，我国能源科技创新呈加速趋势，新兴、先进的能源技术不断涌现，其推广应用对技术交易机构的服务需求越来越大，中国技术转移体系建设加快推进、技术转移服务机构蓬勃发展。

根据科技部公布的数据，我国各类技术交易市场超过了 1000 家，2017 年全国技术合同成交额达到 1.34 万亿元人民币，近 37 万项科技成果通过技术市场转移转化。到 2019 年我国技术合同成交额为 22398.4 亿元，比上年增长 26.6%，首次突破 2 万亿元。催生出大量新产品、新产业和新的商业模式，形成推动经济高质量发展的强大动能，其中相当一部分为能源技术交易。此外，我国与其他国家的技术贸易也在稳步发展。中国与 130 多个国家建立了技术贸易的联系。2017 年，中国技术进出口总额达到了 557 亿美元。作为综合能源服务创新和市场的纽带，能源技术交易服务在推动综合能源服务产业优化升级、增强企业创新能力、培育经济增长新动能等方面将发挥日益重要的作用。

第五章

如何与客户建立好的关系

电力市场化改革进程不断加快，市场机制在优化配置资源中的决定性作用日益凸显。传统供电企业以生产为中心的工作模式已经不适应电力营销工作的发展趋势。在新时代环境下，供电企业营销工作要更加聚焦客户，与客户建立良好的关系，建立客户关系是客户关系管理的第一步。由于供电企业的工作性质，一线营销服务人员可以依托传统电力服务工作，快速高效地与客户建立关系。

本章从一线营销服务人员的实际工作出发，从传统途径和新兴途径两个维度，重点说明如何与客户建立密切融洽、互相信任的客户关系。

第一节　客户关系建立的概念与意义

一、供电企业的客户关系建立

对不同企业而言，客户关系建立的过程不尽相同。一般来说，客户关系的建立都是营销工作的核心目标，包括品牌认知的建立，产品或服务的介绍、试用、购买等过程。客户关系的建立体现在客户需求信息的收集、需求的反馈以及产品与服务的提供等工作中，表现为双方信息的交流、信任的建立、合作或交易的达成。

对供电企业而言，这一过程相对简单。当客户产生用电需求时，由于单一市场的特性，客户往往只能选择通过供电企业提供的渠道获取电力服务。因此当客户向供电企业提交用电申请时，也就提供了其用电需求信息，表达了合作意愿，也就自然地与供电企业建立了客户关系。但这种客户关系仅仅是最初步的供用电服务关系，在新型客户关系管理理念下，供用电服务关系是一种比较弱的关系，客户黏性、双方的互动频率不高，难以衍生出更多价值。

在新理念下，供电企业更加关注如何与客户建立起"好的关系"，也就是客户信任度更高、黏性更强、互动频率更高。双方关系不仅限于电力服务关系，还能作为电力工程、新能源业务、综合能效服务等其他高价值业务的发展渠道，为供电企业创造更多价值。

（一）存量客户与增量客户

对供电企业而言，可以根据是否建立了供用电关系将客户群体划分为存量客户和增量客户。存量客户是指已经送电并和供电企业有供电关系的客户。增量客户是指新报装的或有报装需求的电力用户，有很大概率发展成供电企业的客户。

（二）与存量客户建立更紧密的关系

根据客户用电量大小及其对供电企业贡献的经济价值。大致可以将存量客户分为 VIP 客户、主要客户、普通客户与小客户四类。对于不同经济价值或属性的客户，供电企业应根据实际情况，采用不同的办法建立更紧密的客户关系。

1.VIP 客户

这类客户是供电企业的优质核心客户群，由于其用电量大、电价高、信誉度好，对完成电量增长、平均电价、电费回收等经济指标的贡献最大，能给供电企业带来长期稳定的收入，值得花费大量时间和精力来提高该类客户的满意度。对于这类客户的管理，供电企业应做到以下几点：

（1）经常联络，定期走访和拜访，为客户提供最快捷、周到的服务，使其享受最大的实惠。

（2）密切注意该类客户的所处行业趋势及异常动向。

（3）应优先处理该类客户的抱怨和投诉。

（4）应优先满足特殊电力保障需要。

（5）提供特色服务和增值服务。

2. 主要客户

这类客户主要集中在享受优惠电价政策的高能耗行业，其主要特点是用电量大，一般来说是供电企业的大客户，但不属于优质客户。由于他们用电量较大且稳定性较差，对经济指标完成的好坏构成直接影响，供电企业不容忽视，应花费时间和精力去关注他们的生产经营状况和用电需求，要适时有针对性地提供服务。对这类客户的管理，供电企业要做到以下几点：

（1）要指派营销人员（或客户代表）经常联络，定期走访，为他们提供服务的同时更多的是关注。

（2）密切注意该类客户的产品销售、资金支付能力、人事变动、重组等异常动向，以避免倒账的风险。

3. 普通客户

此类客户用电量不大、电价总体不高，对完成经济指标贡献甚微，供电企业应大幅度减少这方面的服务投入，或将精力只放在发掘有潜力的"明日之星"上。供电营销人员应时常与这些客户保持联系，在他们需要帮助的时候，供电部门会毫无保留地伸出援助之手。

4. 小客户

此类客户主要是由居民用电户和商业小门面店构成。由于他们数量众多，电价较高，具有"点滴汇集成大海"的增长潜力，对供电企业经济指标的完成具有一定影响。因此，供电企业应按照方便、及时的原则，为他们提供大众化的基础性服务。

（三）与增量客户建立新的关系

与增量客户建立关系，也就是发展新客户，将原本不是供电企业客户群体的争取成为自己的客户。与增量客户建立关系的意义不言而喻，一家企业要想不断地发展，就需要不断发展新客户。

与增量客户建立关系主要通过业扩报装业务。增量客户的分类与存量客户相似，建立关系的策略也类似，但是渠道与方法略有差异。

二、客户关系建立的意义

客户关系建立是客户关系管理的起点。成功的客户关系建立过程能够为客户留下良好的第一印象，是未来客户关系管理工作的基础。

在业务层面，供电企业通过与客户建立密切的关系，更有利于原有业务的进一步推进和持续的合作；同时良好的客户关系可以为供电企业积攒口碑，为新兴业务的拓展提供有力支撑。

第二节　客户建立关系的传统途径与方法

供电企业在为客户提供各种供电服务的同时，已经与客户建立了关系。本节将从业扩报装、用电检查、优化供电建议、供电保障等供电服务环节出发，阐述供电企业应该如何与客户建立良好的关系。

一、针对增量用户

与增量客户建立关系主要通过业扩报装业务。

业扩报装是指供电企业接到客户的用电申请后，根据客户的用电性质，并结合电网的具体情况进行调查研究，然后确定供电方案，组织供电工程的设计与施工，检查客户的电气设备，签订供用电合同，直至装表接电的全过程。

业扩报装流程与客户建立关系的关键环节如图5-1所示，从业务受理一直到供电方案答复客户（图中阴影部分）等环节是客户经理与客户密切互动，给客户留下第一印象的重要过程，也是客户关系建立的第一步。尤其是现场勘查与供电方案答复两个环节是客户最为重视，也是最有机会接触到客户负责人的工作环节，是客户关系建立工作的重中之重。

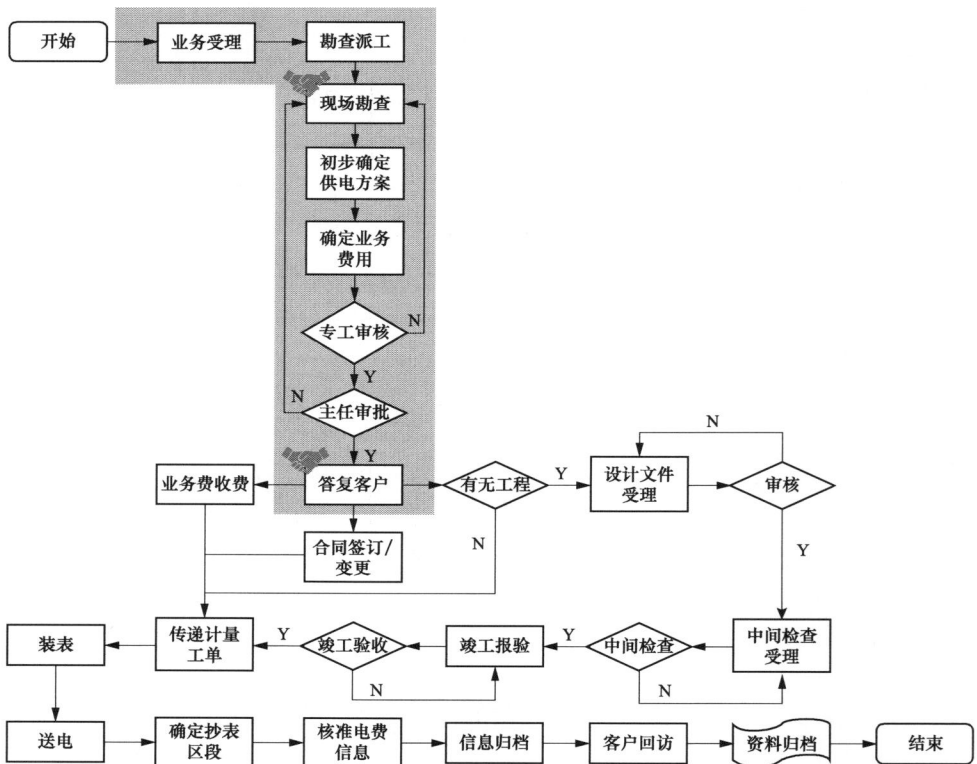

图 5-1　业扩报装流程与客户建立关系的关键环节

在现场勘查环节，客户经理可以展现自己丰富的电力专业知识，为客户提供一些合理化建议，树立自身的专家形象。而在供电方案答复环节，仔细听取客户需求，详细说明方案要点和注意事项，则能够展示供电企业服务品质，树立品牌形象。

业扩报装是供电企业与客户建立关系最有效的渠道之一，尤其是针对新客户。业扩报装工作不仅是供电企业树立企业形象的重点环节，也是供电企业增供扩销，提升客户满意度的重要途径。因为只有充分发挥供电企业的整体优势，在业扩报装工作中真正做到"以客户为中心"，才能吸引和保持更多的客户。

然而，业扩报装工作是一项烦琐复杂的工作，目前在实施过程中还存在着不少的漏洞：一是业扩报装流程节点多，办理时间长，过程烦琐，涉及的具体工作节点29个，需客户提交资料多达31项，从业扩报装到接火送电，客户可能需要往返营业厅4~5次，这也是客户诉求反应较多的地方；二是部分员工客户导向意识不够，缺乏主动服务的精神，甚至在制定业扩报装计划时未充分尊重与征求客户意见，使得报装效果未达到客户要求，引发不满；三是业扩服务流程管理不严谨，出现工作单派工滞后、勘查工作进度缓慢、工程信息传递效率低下等问题，这也是导致接火送电时间过长的原因。

随着新一轮电力体制改革的不断深入，供电企业将面对日益激烈的市场竞争。因此，如何实现业扩报装的提质增速，优化企业用电营商环境，最大程度地争取潜力客户，是当前供电企业需要高度重视的课题。

二、针对存量用户

（一）用电检查

用电检查是与客户发生联系的重要渠道，它涉及电力法律法规政策、履行供用电合同、电气运行管理、设备安全状况、电工作业行为等内容，一般包括周期性普查和专项检查。用电检查工作流程如图5-2所示，其中，现场勘查和指导客户消除缺陷两个环节是客户经理与客户深度沟通的机会，能够借此机会向客户提出专业的整改意见，辅助客户安全用电，与存量客户拉近距离，建立互信，建立其更紧密的客户关系。

为了更好地服务广大客户安全生产和用电，供电企业需要采用周期性检查与专项检查相结合的方式，制定好检查计划，具体可以采取以下措施：

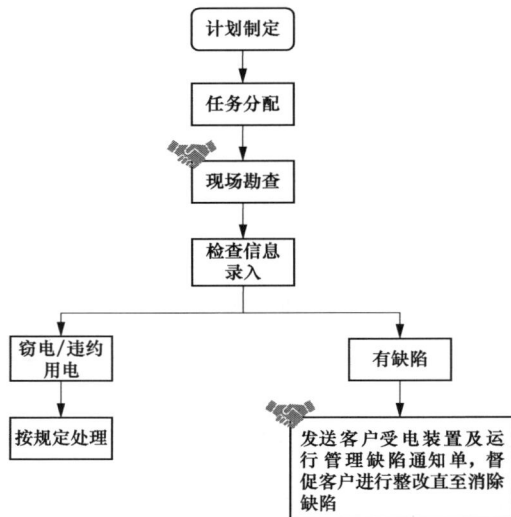

图 5-2　用电检查工作流程与客户关系建立关键环节

（1）及时查处用电违规现象，帮助客户企业整改临时线路，清理私拉乱接现象，更换老化的线路刀闸、插座开关、漏电保护器等电气设备，及时排除安全隐患。

（2）供电所工作人员主动上门服务，对高危、重要客户开展全面彻底地用电安全检查。分析梳理用电安全管理薄弱环节和存在的问题，为客户制定整改意见，帮助客户进行整改，指定专人对整改过程进行跟踪指导，协助制订防范措施。

（3）积极宣传安全用电知识，并发放便民服务卡片，实现用电服务全方位、无死角的精细化管理，确保客户生产生活用电安全可靠。此外，客户经理在用电检查过程中可以积极宣传安全节能用电常识，引导客户合理安排生产作业，降低用电能耗，养成安全用电、合理用电、经济用电的良好习惯，并且主动收集客户提出的意见和建议，详细记录客户用电困难和用电服务需求。

客户经理还可以与其他专业工作相结合，如分布式电源发电规范度普查、临时用电规范度普查、市场化直接交易与增量配电市场拓展、电能替代与综合能源潜力挖掘与推广等。

（二）重要活动场所保供电

重要活动场所保供电是指对举办具有重要影响和特定规模的政治、经济、科技、文化、体育等活动场所提供电力保障，由重要活动的主办方向供电企业提出电力保障申请，由营销、运检、调控中心等多个部门协同完成，如"两会"保供电、中高考保供电等。

保供电工作流程如图5-3所示。由于保供电活动关系到客户切身利益，客户往往都十分重视。其中，保供电方案制定、保供电特巡、整改消缺、现场值守，都具有较强的专业性，都是建立客户关系的绝佳时机。

重要活动场所保供电，不仅可以为客户创造重要的价值，也是供电企业社会责任感的重要体现。在此过程中，供电企业可以与客户建立起相互合作、互惠互助的友好关系，优秀的保供电服务可以为以后其他供电服务的开展打下良好的基础。

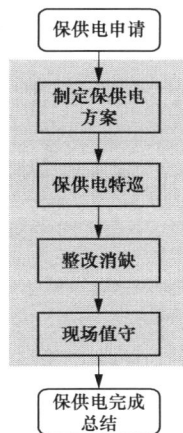

图 5-3　保供电工作流程与客户关系建立关键环节

（三）客户侧电气事故处理

客户侧事故处理指的是用电检查人员协助客户查找、分析、判断客户专变侧电线电缆、高低压开关柜、变压器等失电或发生故障。在客户侧电气事故处理工作中，供电企业与客户联系最紧密的重点工作环节分别是现场处理与恢复送电。事故处理流程与客户关系建立关键环节如图5-4所示。

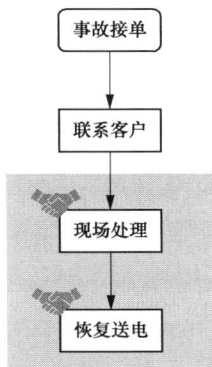

图 5-4　事故处理流程与客户关系建立关键环节

现场处理环节，即通过现场勘查，帮助客户进行事故原因分析和故障点判断，现场排除故障，在需要对客户对设备进行改造的情况下，供电企业要自觉遵守"三不指定"原则，即不以任何直接或间接的方式为客户强制指定设计单

61

位、施工单位和设备材料供应单位。但是客户如果主动咨询，供电企业可以提供建议，帮助客户联系设备厂家、有资质的施工单位进行处理。

恢复送电环节，即在事故处理完毕、试验合格后，协助客户电工按步骤送电。供电企业在采取停电措施后，要监督与协助客户做好整改工作。所有的用电隐患治理结果必须由当地政府部门与供电企业共同验收合格后才可以恢复送电，保证一次性整改到位。

（四）优化用电建议

供电企业拥有客户的历史用电大数据，并且有一支专业化的电力队伍，在为客户提供用电分析建议上，具有其他单位（如政府部门与能源咨询公司）无可比拟的优势。针对客户的电费电价相关业务，如果出现异常波动，供电企业应主动帮助客户进行用电分析，给予合理的建议，让客户感觉到被主动服务，以建立供电企业充分关心客户的感知。

供电企业帮助客户优化用电的最终目标，是为客户节约用电成本，也就是企业运营成本。在提供优化用电服务时，供电企业可以从电费电价合理性、电气设备运行方式、电能替代或节能产品三个方面为客户提供优化用电建议：

（1）考察电费电价的组成是否合理、计算方式是否合理。供电企业可以分析客户的月均用电量、平均电价、功率因数等历史用电数据，辅以现场用电检查，帮助客户发现诸如超载、平均电价偏高等不合理的用电情况，并根据客户企业生产规模和实际用电情况，选择适合的基本电费计算模式。合理的基本电费计算方法在帮助客户节约用电成本上，尤其是对自身用电情况不甚了解的中小企业上，拥有巨大的空间。

（2）优化客户电气设备的运行方式。供电企业在考察客户实际设备运行情况的基础上，帮助客户发现诸如顶峰生产、无功补偿不到位等不合理的用电情况，指导客户合理地安排电气设备的运行方式，可以达到错峰用电、削峰填谷、优化生产、提升生产效率、节约电费成本的目的。

（3）推荐电能替代或节能产品。通过建议客户以电代煤、以电代油等电气化改造方式，逐步推进电能替代工作。供电企业也可以为客户推荐节能产品，制定配套的电力解决方案。这不仅能节约用电成本，也可以提高生产效率，使客户企业满足环保要求，用优质的服务帮助企业转型升级，

（五）其他电力服务

除了以上与客户密切接触且与客户利益紧密相关的工作之外，还有很多其

他电力服务工作，能够成为与存量客户建立紧密联系的桥梁，例如日常巡检、电费抄核收等。

以电力巡检为例，在日常的供电保障服务中，供电企业需要对辖区中的重要客户，比如工业园区等开展定期巡检，尤其是加强关键设备、重要供电线路的巡检力度，排查故障易发地带，保障电力的安全供应。同时，供电企业也要强化对一些电力设施老化地区的管理，比如一些老旧的居民小区、商业楼等，帮助客户及时排除安全隐患。

在电力巡检过程中，也有一定的机会与客户接触，能够树立供电企业专业、负责的形象，为客户关系建立打好基础。

第三节　客户建立关系的新途径与方法

与客户建立关系的一个重要理念就是转"被动服务"为"主动服务"。供电企业应该寻求各类业务渠道以外的新兴途径，主动为客户提供服务，而不是等客户找上门。

供电企业可以借助地方政府部门或其他单位与客户建立联系，可以沿着客户的管理从属关系、利益相关方或其他关联主体进行考虑。例如，供电企业可以通过地方规划论坛、政府招商引资会、经信委和发改委等渠道，在客户需求还未发生或者发生的初期与客户接触，主动与客户建立互信关系并提供服务。

一、地方规划论坛、电力会议

供电企业可以了解城市规划论坛、电力会议召开的情况，利用参加会议的机会与其他与会者建立联系，寻找客户，如城市规划论坛、电力展会、能源电力产品展览等，供电企业都可以从中获得有关目标客户的信息，从而与目标客户进行沟通洽谈。

二、政府招商引资会与工业园区筹建会议

供电企业可以密切关注政府招商引资、工业园区建立等信息，以用电用能咨询为切入口，针对特定用电客户群体，开展用能咨询工作，通过电话、面谈等方式了解客户用能情况，掌握客户潜在用能需求，适时提出相关指导性建议。

三、政务大厅、经信委和发改委

供电企业可以与当地的政务大厅、经信委和发改委建立合作关系，在政务大厅柜台处摆放针对大客户的宣传资料，客户在这些政府平台进行公司注册、认证等业务办理时，如有用电需求可以通过宣传材料上的联系方式直接咨询客户经理，拓宽了服务渠道，增加了服务触点。

四、国网掌上电力 App

网上国网 App 是由国家电网公司打造的一款掌上电力互动服务平台，主要功能包括支付购电、用电查询、信息订阅、在线客服、网店导航、停电公告等。未来，线上渠道将成为重要的办电渠道，利用互联网的边际递减效益，大幅降低获客成本，降低与客的沟通成本，不仅可以极大地改善客户上缴电费、停电报修等传统用电服务的体验，还可以加入充电桩查询、智能用电分析等新功能，提供客户智慧生活的体验，具有十分广阔的市场前景。

"网上国网"线上服务将成为客户业务办理，客户关系建立，客户信息获得等工作的重要渠道。

TIPS：细节决定成败——建立客户关系的实战技能

在与客户沟通时，可能会遇到各种类型的客户，会碰到各种各样的突发情况。这时需要及时采取最佳的方式进行沟通交流，以期调整不利因素而达到目标。永远不要忘记沟通的目标是什么，也不要轻视沟通前的准备，以及沟通中的每一个细节。细节决定成败。服务细节在很大程度上决定了客户的服务感知，进一步影响了与客户关系建立。因此，在与客户服务的每一个环节都应该注意服务的细节和注意事项，在商务礼仪和沟通话术方面做好充分准备，与客户建立良好关系。

一、商务礼仪

商务礼仪是为了体现相互尊重，在商务活动的方方面面约束人们行为的一些准则。

随着"三型一化"营业厅转型和综合能源业务等工作的铺开，一线

营销人员与客户接触和沟通的场景更加多样。为了展现个人魅力并树立品牌形象，营销人员需要掌握更多的商务礼仪知识，避免失礼给客户留下不好的印象，影响营销新业务的开展。

（一）商务礼仪的重要性

商务礼仪对个人而言，是修养和素质的体现。学习和遵循商务礼仪，可以提高一线营销人员对自身工作的要求，培养员工的职业素养，塑造良好的职业形象，提升员工的个人魅力。

商务礼仪对业务而言，是对客户尊重的表现，体现供电企业对业务的重视，表达出合作的意愿，有利于建立畅通的人际沟通，有利于业务的开展。

商务礼仪对企业而言，是企业形象的重要附着点，有利于提升客户的满意度和美誉度，最终有利于企业提升经济效益和社会效益。

（二）常用的商务礼仪

在营销业务的各类规范和要求中，对商务礼仪已经有了一个基本的要求，下面重点介绍客户经理在传统和新途径推广过程中需要注意的礼仪要点。

1. 谈吐与举止

一个人的谈吐和举止是最为明显的行为，可直接表明他的态度。在与客户的交往中，客户经理要做到彬彬有礼，落落大方，避免各种不礼貌、不文明习惯。

在交谈中，要遵循"三分说，七分听"的原则，注意倾听客户的意见，同时，少说与主题无关的内容，不能重复一些不重要的话题，保持谨言慎行的态度。

注意交际用语的使用，例如：初次见面说"幸会"，麻烦别人说"打扰"，托人办事说"拜托"，请人指教说"请教"，赞人见解说"高见"，中途先走说"失陪"，与人分别说"告辞"，请人勿送说"留步"。

2. 会面与会谈

无论是在本公司还是在客户处与客户会面或谈话，都要遵守相应的礼仪。见到客户时，要主动问候或点头示意。在会面时，要保持端正的坐姿，身体微微前倾；交流的过程中，注视对方，注意客户的神情变化。

在会谈的过程中，要尊重和谅解客户，及时肯定和赞美客户的观点或意见。说话时，要注意态度和气，自然、自信，注意语速、语调和音量，以达到表达的效果。

3.电话与邮件

在商务活动中，一般通过电话或邮件的方式与客户沟通，现在，还会通过微信等社交媒体与客户联系。从正式程度上看，邮件比电话更正式，电话比微信更正式。

在营销工作中，若与客户有文件往来，首选是纸质文件和电子邮件的形式，能够保留记录。

电话和微信主要用于较为紧急的联系，电话及时性更强，但不便于回溯，建议使用电话录音或纸笔记录下通话的要点。

微信主要用于不紧急、非正式的沟通，可以传输文字、视频、图片、语音等，是一种灵活、高效的沟通方式，便于与客户维持更为紧密的联系。

电话与邮件沟通的注意要点有：

（1）电话铃响3声内应当接听电话，若超过3声后接听应当道歉并说明原因；

（2）接通电话后应当首先自我介绍或询问对方电话来意；

（3）邮件内容应使用公司的统一模板，邮件发送后应当通过微信或电话与客户确认是否收到。

二、沟通话术

话术是营销活动中重要的沟通技巧。话术不是骗术，通过有技巧的沟通，了解和掌握客户的需求，展示产品，促成客户的消费，并让客户对消费过程感到满意。

客户经理有许多对业务和技术非常熟悉，但是，沟通技巧的欠缺成为了营销工作开展的障碍。

（一）沟通话术的重要性

销售是语言的艺术，过人的销售技巧就是过人的语言技巧。沟通话术的本质是洞悉客户的心理，用语言使客户相信我们的产品能有效地解决他的问题、满足他的需求。成功的营销离不开优质的产品，也需要沟通话术的助推。

（二）常用的沟通话术技巧

1.开场白

良好的开场白等于销售成功了一半。开场白在沟通中是非常重要的一环，需要营销人员在较短时间内用简练的语言说明自己的身份和意图，并引起客户的兴趣。

2.讲故事与形象描述

通过讲故事的方式，营造一个客户熟悉的情景，让客户感受到产品或服务的价值。例如，向客户介绍掌上电力 App 的电费账单和电量监测功能时，发现客户有房屋在出租，就可以构建一个使用场景证明服务的价值，可以说："如果租客不住在房间里面了，可以从用电情况里面看到用电量的突然减少，您就可以及时联系租客，避免突然搬走收不回房租的情况"，让客户感觉到确实自己有这个需求，而接受我们的产品。

3.善用数据和术语

通过列举数据能有效增强说服力，使用术语能体现自己的专业性，从而取得客户的信任。但是，过分使用数据和术语也会导致客户的迷惑，难以产生代入感。因此，在列举每个数据后，都应该加一段描述的话，解释该数据代表的含义，例如优异的品质、可靠的服务、强大的技术等。

使用专业术语后，若客户表现出疑惑，可以对专业术语进行说明，建议使用类比的方式进行说明。例如，向客户介绍安全用电监测整体解决方案时，说："这款安全用电监测产品主要是通过监控中心、移动终端 App 和云端共同构建立体式的监控体系，能够 24 小时全天候监控企业用电设备的运行状况，并根据阈值实现智能调节、安全报警等，保障您的企业的用电无忧。用了它，就相当于为你的企业请了一位"钢铁侠"，随时可以为你提供全方位的用电保护"。

第六章

如何与客户维持好的关系

关系维护是客户关系管理的重点，对于客户数量庞大的供电企业来说，关系维护具有非常重要的意义。

本章将阐述客户关系评价的新模式、客户忠诚的创新策略、与客户沟通的多元模式以及维护关系的实用营销技巧，为供电企业的客户经理提供极具实操性的客户关系维护工作指南。

第一节　评价客户关系的新模式

随着世界经济的快速发展，市场竞争越发激烈，对企业的发展提出了更高的要求。因为企业发展的关键在于客户，而客户的关键在于其价值，所以评价客户关系价值的指标体系就越来越重要。

传统的客户关系评价模式主要集中在客户信用体系和价值体系评价两个维度，更多的是反应客户对于企业的价值，却忽视了客户与企业的多维联系，以及从企业利润和成本的角度去思考企业与客户的关系。因此，新的客户关系评价模式将从更加全面和细分的维度，采用关键指标评估法，即通过设立某些关键性的指标，通过对客户满足指标的情况来评估客户关系。下面介绍四种常见的评估指标（由于各地实际工作的差异性，可以进行个性化的调整）。

一、关联度指标

这类指标用于评估客户与供电企业的联系的紧密程度，一般来说，联系越紧密的客户，关系就越密切。

在评价时，可以采用是否有客户联系方式、客户是否愿意接受我方联系、客户是否主动联系我方、双方是否有常态化联系等指标进行衡量。

二、利润贡献指标

利润贡献指标用来衡量客户能够直接为供电企业带来多少经济利益，一般来说，利润贡献越大的客户与供电企业的关系越紧密。

在评价时，可以采用月电费支出、单位产值电费支出、购买综合能源产品/服务支出等指标进行衡量。

三、成本占比指标

成本占比指标用于衡量服务该客户所花费的总成本，一般来说，服务成本越低的客户与供电企业的关系越紧密。

在评价时，可以采用营销成本、服务成本、投诉处理成本等指标进行衡量。

四、忠诚度指标

忠诚度指标用于衡量客户对供电企业的产品和服务的忠诚程度，一般来说，忠诚度越高的客户与供电企业的关系越紧密。

在评价时，可以采用是否重复购买、电费缴纳信用、是否存在流失风险等指标进行衡量。

在评估时，可以使用表 6-1 来评估客户关系。

表 6-1　　　　　　　　　客户关系评估指标设计表

客户名称：			客户编号：	
客户地址：			供电电压：	
评估指标	指标权重	得分	得分依据	备注
评估结果：				

第二节　培养客户忠诚的创新策略

客户对企业的产品和服务越满意，就越容易产生对企业的忠诚。因此，供电企业需要构建培养电力客户忠诚度的创新策略，从提高客户满意度出发，探索与客户沟通的全新渠道和营销技巧。

一、概念介绍

（一）客户满意度

客户满意度对营销工作的成败有重要的影响，所谓客户满意度就是客户对产品或服务满足自己需要的程度的一种判断。通俗地讲，就是客户会对所接受的产品和服务进行评估，判断是否达到自己所期望的标准。

客户满意度会直接影响营销工作的长期成功，美国客户事务办公室提供的调查数据显示：平均每个满意的客户会把他满意的体验告诉 12 个人，这 12 个人中会有 10 个人对相应的产品和服务有兴趣；此外，一个不满意的客户会把他不满意的经历告诉 20 个人以上，而这 20 个人基本上不会再对相应的产品和服务感兴趣。

（二）客户忠诚

客户忠诚是指客户愿意重复购买同一家企业的产品或服务，根据经济学原理，维护老客户的成本远低于开发新客户的成本；企业与客户关系越紧密、越长久，对于企业来说获益越大。因此，忠诚的客户是企业最重要、最可以依赖的对象。对于客户来说，没有理由继续接受不满意的产品或服务，同时也没有理由不接受自己满意的产品或服务。如果产品或服务越是能够让客户满意，客户就越会有意愿继续购买。因此，客户满意是建立客户忠诚、战胜竞争对手的关键。

二、影响客户满意度的因素

（一）客户预期

客户预期是客户在购买产品或服务前对其的主观认识和据此形成的对产品或服务的期望。对于同样的产品或服务，有的客户会感到满意，有的就不满意，这就是因为客户预期不同。比如，同样是为客户提供"臻享 +"服务，有的客户预期较低，只是希望有一两次上门服务就行，就会对"臻享+"比较满意；有的客户则希望能够得到高频、全面的服务，否则就会对"臻享+"不满意。

（二）客户感知

客户感知是客户在实际使用过程中对产品或服务的价值的感知，通俗地说，就是客户实际获得或感受到的价值。

一般来说，客户满意度=客户感知-客户预期，客户感知超出客户预期越高，客户就会感到越满意，反之，就会降低客户的满意程度。

三、培养客户忠诚的创新策略

（一）科学管理客户预期

从上述内容可以知道，客户预期并不是越高越好，如果客户对供电企业的产品或服务有了不切实际的过高预期，就很容易对最终的结果感到不满意；客户预期也不是越低越好，如果客户对供电企业产品或服务的预期很低，那同样也就没有了选择供电企业产品或服务的理由。因此，经验丰富的营销服务人员会对客户预期进行管理。

一般来说，客户预期会受到以下几个方面的影响：

1. 客户的价值观、需求、习惯、偏好、消费阶段

正处于企业快速发展阶段的客户，会比较关注所获得的产品和服务的品质，对品质的期望会格外高。此外，处在企业不同层级的客户对产品和服务的期望也是不同的。

2. 客户过去的消费经历

客户往往会将本次购买的产品或服务与过往消费，尤其是上一次消费进行对比，这也是人的一种常见心态。也就是说，客户在营业厅办理相关电力业务的时候，会下意识地与上一次办理业务的情况进行对比，包括业务流程是否更便捷、营业厅工作人员的服务态度等。

3. 他人的介绍

客户也会依靠他人、亲戚朋友的介绍来了解产品或服务。事实上，他人的介绍会很显著地影响客户的期望。如果客户听到了他人的赞扬，就容易形成一种较高的期望，反之，就会调低自己的期望。比如，某位客户经理为客户 A 提供了非常完善的服务，每个季度上门一次，客户 A 很满意，于是推荐给客户 B，那么客户 B 也就会期待这位客户经理为自己也提供每季度上门一次的服务。

4. 广告宣传

广告宣传是客户在直接接触营销人员之前获得信息的重要渠道，一般来说，广告会对产品或服务的内容、作用、优势等进行介绍，客户就会依据这些信息形成预期。

供电企业在进行广告宣传时，主要有两个目的：一是树立正面的企业形象，强调自身的社会责任感；二是超越客户的预期与认知，现在很多客户对供电企业的服务认知依然停留在传统的供电与维修上，不了解综合能源服务等相关增值服务。通过广告宣传，使得客户产生了解电能替代、分布式能源、节能服务等服务的兴趣，供电企业就能更顺利地推广综合能源服务。供电企业可以选择的广告宣传方式有很多，对于大众居民客户，宣传重点可以放在企业的社会责任上，借助户外广告、新媒体、掌上电力 App 等进行推广；对于重要客户，如工业园区等，宣传重点则是综合能源服务等相关增值服务，可以给这些客户发放宣传手册、综合能源服务宣传视频。

（二）提高客户的获得感

1. 产品价值

主要是指产品的功能、特性、品质、品种、品牌、式样等产生的价值，这是客户需要的核心内容。在大多数情况下，也是客户决定采购的首要因素。产品价值是决定客户感知的关键和主要因素，产品价值越高，客户感知也越好。如果营销人员为客户提供的产品的价值降低或者波动，也会反过来损坏客户的信任。

2. 服务价值

服务可以是营销的对象本身，也可以是伴随产品出现的。包括售前、售中、售后三大类，具体可以划分为介绍、送货、安装、测试、维修、技术培训、质量保障等。与产品价值类似，服务价值越高，客户感知就越好。

3. 人员价值

主要是指营销服务人员的工作思想、工作效益、作风、业务能力、应变能力等综合素质带给客户的价值。综合素质更高的营销服务人员能够给客户带来更好的客户感知，比如，有的营销服务人员非常精通业务知识，可以为客户提供专业的解答；有的营销服务人员非常具有亲和力，让客户感到如沐春风。这些都能够为客户带来更好的感知。

4. 形象价值

这是指企业在社会公众中的形象所产生的价值，主要包括产品、服务、人员、技术、品牌等产生的价值，除此之外还有企业的价值观念、管理哲学、经营道德、态度作风等因素。企业的形象越好，带给客户的感知也越好，客户更可能会谅解企业的个别小失误，反之，如果企业的形象不佳，就会放大工作中的不足之处，造成客户感知下降。

5. 货币成本

货币成本就是客户为了购买产品或服务需要支出的费用，是影响客户感知的重要因素。任何客户在进行购买的时候，都会对不同供应商提供的产品与服务进行比价，希望能够获得尽可能低的报价。一个企业无论提供的产品和服务有多好，都需要考虑价格对客户的影响，如果报价超过了客户的心理价位过多，也会影响客户感知。

6. 时间成本

时间成本是客户在购买产品、服务的过程中所花费的时间，包括客户等待服务、等待交易、等待预约的时间等。现代的商业环境中竞争激烈、节奏快，因此对于客户来说，时间同样是一项经营成本。在相同的情况下，如果客户能够花费更少的时间，他的感知就越好，反之他的感知就会变得更坏。

7. 精神成本

精神成本是客户在购买产品和服务的过程中所耗费的精神的多少。一般来说，客户希望在购买的全过程中能够少操心，自己无需亲自处理琐烦的事务。如果营销人员能够帮助客户处理好这些事情，客户感知就越好；反之，如果客户在采购的过程中感到精神疲劳，即使产品服务足够好，价格足够优惠，也会损害其感知。

8. 体力成本

与精神成本对应，是指客户在采购中所耗费的体力的多少。客户所耗费的体力成本越少，其感知就越好。

综上所述可知，影响客户感知的因素可以分为两类：一是产品价值、服务价值、人员价值、形象价值；二是货币成本、时间成本、精神成本、体力成本。前一类是正向的，后一类是反向的，根据这种划分，可以有两种思路提高客户感知。

一种思路是提高价值，可以从产品、服务、人员、形象方面做起，通过提升这些方面的价值让客户获得正向的感知。实现的方法有很多，比如提升产品价值，一个典型的例子就是进入中国市场的肯德基，不仅仅有自己经典的炸鸡、汉堡等产品，还由其团队专门针对中国人的口味开发的老北京鸡肉卷、早餐粥、四季鲜蔬等，拓展了用户群体，也让中国顾客更加满意。从提升服务价值的角度来说，供电企业其实是一个典范，任何一名客户无论在一天 24 小时的什么时候用电出现问题，都可以拨打 95598 电话联系客服人员，供电企业会以最快的速度解决客户的问题。这一点是让很多企业望尘莫及的，这其实已经成为供电企业重要的竞争优势。

另一种思路就是降低客户的货币、时间、精神、体力成本，作为营销服务人员，在货币成本上由于公司制度的原因不一定能够自主决策，但是可以在其他方面充分做好文章。简单地说还是要"以客户为中心"，站在客户的角度去想什么是客户需要的，客户时间紧张，就尽量将准备工作做细、备好营销资料、精简谈话内容；客户不想操心，就提前为客户解决好商务、法律层面的细节问题；客户不想劳累，就勤快一点做好力所能及的事情。比如，招商银行推出的窗口免填单服务，客户不需要填写任何单据，只需要告诉柜台窗口的工作人员自己想办理的业务就够了，这极大地较少了客户的时间、精力和体力成本，还超出了客户的预期，就让客户感到满意。再如，宜家的商品都采用平板包装，客户可以很方便地将其带回家进行组装，节约了提货、运输的费用，也节约了时间和精力，宜家已经成为许多年轻人的家具首选。

拓展：你的客户是不是真的忠诚？

有人可能会有疑问，我们的客户不是选择国家电网吗？难道我们也有不忠诚的客户？事实上，忠诚可以分为主动忠诚和被动忠诚，主动忠诚如上述，就是客户满意度提高以后的结果。而客户在不满意的情况下，也可能存在"被动忠诚"，被动忠诚产生的原因主要有以下两类：

1. 惰性忠诚

这类忠诚是指客户尽管对产品和服务并不满意，但是由于本身的惰性不愿意寻找其他供应商或服务商。在这种情况下，如果有其他企业主动出击，给予客户更多实惠，很容易抢走这部分客户。

2.垄断忠诚

这类忠诚是指在卖方主导市场的情况下，或者在市场处于某一家企业垄断的情况下，客户没有别的选择而被迫忠诚。电力在过去属于国家垄断的行业，近年来，售电市场逐渐放开，客户有了其他的售电企业可以选择，原来一些垄断忠诚的客户就有可能流失，这应该引起供电企业的注意。

第三节　关系维护的多元沟通方法

沟通，就是将信息从一方传递到另一方的过程。客户沟通就是指企业与客户之间的信息交换过程。由于供电企业与客户所处环境不同，了解或掌握的信息不同，与客户沟通就显得非常重要。通过沟通，可以让客户了解到供电企业的实际状况，供电企业也能够了解到客户的需求和意见，从而做出正确的调整。良好的沟通有利于供电企业与客户建立起更加牢固紧密的关系，提高客户满意度和忠诚度。

在现实工作中，与客户的良好沟通对于维护客户关系具有非常重要的实用性，在营业服务、业扩报装、用电检查、抄表收费、停电通知、电力施工等工作中都需要与客户进行沟通。沟通可以传递真相、澄清误会、化解矛盾，顺利推进工作。

一、面对面沟通

1. 优势

面对面沟通是一种常用的沟通方式，它主要具备以下优势：

（1）真诚。当人与人处于面对面沟通的状态时，可以时刻观察对方，判断对方的诚意。因此，选择面对面沟通最能展现供电企业的真诚。

（2）有效。面对面沟通是推动问题解决的最佳沟通形式，其他的沟通形式，如短信、微信、电话等的效率都不如面对面沟通高，面对面沟通则最能有效推动双方及时解决问题。

（3）适用性广。客户存在年龄、职业、学历水平等的差异，对沟通方式的接受程度也不同。比如年龄较大的客户可能不习惯使用手机，就难以通过短信、微信等沟通。在所有的沟通形式中，面对面沟通是适用性最广的，几乎所有客户都可以接受这种形式。

（4）影响作用大。通过卓有成效的面对面沟通，可以给人留下最为深刻的印象，从而产生最为深远的影响作用。

2. 沟通要点

面对面沟通需要掌握好如下要点：

（1）提前规划好沟通的基本内容。由于客户经理与客户的时间都是宝贵的，而面对面沟通本身需要花费较多时间和精力进行预约、筹措，必要时可能还需要前往离单位较远的地方进行沟通。因此，在与客户进行面对面沟通之前，客户经理需要提前与客户方的对接人确定好沟通的内容；对于比较正式的沟通，还需要确定好沟通的议程、需要决定的事宜等。

（2）营造良好的沟通氛围。沟通的氛围往往能够决定沟通的质量，沟通的氛围越是轻松友善，则双方越能够达成共识，工作也可以顺利推进。一场沟通的氛围往往是在沟通开始的时候奠定的，因此，在沟通刚开始的时候，最好能够用和善的态度和语气开场，即使双方所谈论的是比较尖锐的话题也可以如此。这样做可以防止沟通变为无意义的争吵，更有效地协商出解决办法。

（3）善于倾听。在面对面沟通中，倾听非常重要，一方面认真倾听可以更加准确地知道客户所传达的意思，另一方面倾听也可以展现客户经理的礼貌，让客户感觉到自己被尊重。如果不注意倾听，沟通的效率就会大幅降低，甚至陷入双方"各说各话"的场景。

（4）合理运用多种语言方式。研究发现，在面对面沟通中，文字语言、声音语言和肢体语言的影响比例约为 7∶38∶55，因此，尤其需要注意肢体语言的运用。比如，谈话时表情宜轻松平和、可适当面带微笑，在对方说话时要注视、有恰当的眼神接触，站立谈话时要保持身体挺直，坐着谈话时要保持坐姿端正、身体适当前倾等。

（5）言语妥当。同样的意思，用不同的方式进行表述，结果就可能大不相同。在面对面沟通中，尤其要注意言语的使用。可以把握四项原则：在不同的场合说不同的话；对不同的对象说不同的话；言辞委婉，避免激烈；就事论事，不针对个人。

二、电话沟通

1. 优势

电话沟通相较于面对面沟通更加高效（沟通频率上），可以在同样的时间内与更多的客户开展沟通，同时处理若干件工作。此外，在进行面对面沟通之前，需要通过电话与客户预约时间、地点、沟通议程等。电话沟通有时是更为正式的沟通形式的前置步骤。

2. 沟通要点

电话沟通分为接听电话和拨打电话两类，这两类电话沟通有不同的要点需要注意。

（1）接听电话。

迅速接听。接到客户打来的电话时，要准确迅速地接听电话，一般以响铃3声以内接听为最佳。迅速接听电话，可以让客户感到尊重，避免客户因为长时间无人接听电话而焦虑甚至愤怒。

态度友善。在接听客户拨打来的电话时，要保持友善的态度，言语礼貌。对于比较重要、身份地位高的客户，如企业的高管，在接听电话时，可以采用站立、面带微笑的形式。研究表明，人能够在电话中听出站立谈话与坐着谈话的区别、也能够感受到对方的情绪变动。

第一时间确认对方身份和来电目的。接听电话的核心内容就是了解来电人以及来电要说的内容。可以遵循"5W1H"，即 Who（何人）、When（何时）、Where（何地）、What（何事）、Why（为何）、How（怎么办）的法则，确保自己不遗漏任何重要的信息。

给对方恰当的反馈。在通话的过程中，要适当地做出反馈，不要只是听，否则对方可能会误解客户经理没有听或者没有用心。一方面可以加上"是、是""好的"等词语来表示在认真听取；另一方面，如果对对方所说的内容存有疑问的话也要在恰当的时机提出。

复述重点内容。当对方说话结束以后，要向对方复述一遍电话的主要内容。这样做，可以防止因为沟通不到位而导致双方产生的误解，也体现出了客户经理对于电话内容的重视。

（2）拨打电话。

拨打前想好谈话要点。为了避免耽误客户的时间，在拨打电话之间应该想好这次通话所要说的主要内容，最好能够列出一个简要的提纲，一则让自己的谈话更加清晰；二则帮助自己厘清思路，防止有所遗漏。

开门见山。客户接听电话后，要第一时间表明自己的身份以及通话的目的，这样既能节约时间、直入主题，又可以防止客户因为不耐烦而挂断电话。

把握好通话的时间。一是需要注意通话的时机，最好不要过早或过晚拨打客户的电话，避免因为时机不当引起客户的反感；二是控制好通话的时间，最好在 3 分钟内将事情说清楚，避免过于拖沓。

礼貌结束通话。自己讲完要说的话以后，不要立即挂断电话，需留一点时间给对方提问和反馈。可以问"您是否还有疑问"之类的话来确认挂断电话的时机，当收到可以挂断电话的信号后，再礼貌地结束通话。

三、微信沟通

（一）优势

微信已经成为这个时代最被广泛应用的沟通渠道之一，很多人已经将微信作为沟通的首选工具。使用微信与客户进行沟通，具备灵活、便捷、即时性强等优点，可以快速地用多种形式将信息传递给客户。

（二）沟通要点

用微信时，常用的沟通方式有一对一、微信群、朋友圈三种。使用这三种方式时，应该注意不同的要点。

1. 一对一

慎重使用微信语音。微信语音是微信聊天功能中的常用功能，但是，在涉及工作的沟通，尤其是与较为重要的客户进行沟通的时候，要慎重使用语音。一般来说，文字能够说清楚的就不要使用语音；如果确有使用语音的必要，尽量简短，且一条讲完。这是因为，客户并不是任何时候都方便听语音（如正在开会），而且要准确地听取一段语音中的所有信息，需要花费多倍的时间。

发送信息时，最好开门见山。直接说明来意，不要单独发诸如"在吗"之类并无太多实际意义的词句。

发送带有长串数字的信息时（如电话号码、身份证号、银行卡号等），最好发送文字版的数字，不要发送图片，便于客户直接复制使用。

涉及重要的工作信息，要确认对方收到。如果给客户发送了较为重要的信息而并没有得到客户的回复，要及时向客户求证消息是否收到，不可想当然地认为客户已经收到，这样也可以避免发生不必要的纠纷。

同理，要及时回复客户。如果客户发送了较为重要的信息，要及时回复表示我方已经收到，避免让客户再次询问。如果因故不能立即回复，过后要向客户解释说明并致以歉意。

如果需要暂时结束对话，一定要告知客户，不要给人一种"突然消失"的感觉，这样是很不礼貌的行为。可以把握"让客户说最后一句话"的原则。

慎重使用微信表情。微信表情具有丰富的表达情绪的作用，在日常沟通中被广泛运用，不过，在与客户进行沟通时，要慎重使用这些表情。有的客户可能会认为这是不严肃不认真的行为，有的客户可能会错误理解表情传递的意思，从而造成不必要的误会。

2. 微信群

在微信群中，最好只发工作内容，避免发私人内容或者各种与工作无关的链接，否则微信群很容易"水"，从而被一部分客户屏蔽。

在微信群中，客户经理往往代表了单位的形象，因此要对群中的各个客户保持公正，不要展现出有所偏重的态度，不然可能引起部分客户的不满。如果涉及重要的信息，最好单独与对应的客户联系。

带有客户个人或单位信息的内容，切忌发送到群里。这样会导致客户信息泄露，可能会引起客户强烈的不满，严重的甚至会引发投诉或者法律追责。

如果同时有多个微信群，一定要注意正确区分，不要将信息发送到错误的群中，如果发现发送错误，要第一时间撤回，减少影响。

3. 朋友圈

自己发送的朋友圈，能够被客户看到的内容，最好是积极向上的正面内容，不要涉及消极、灰暗、恐怖、血腥暴力、恶心等元素。

评价客户的朋友圈时要谨慎。如果客户发送个人的照片、心得感想等，切勿用否定的语气进行评价。

四、书面沟通

（一）优势

书面沟通是一种非常正式的沟通方式，它是涉及非常严肃的工作内容，依据相应的程序和规定，给客户发送的文件、通知、信函等。这类沟通形式的形式感很强，往往能够获得客户的高度重视，得到客户及时的反馈。对于非常重大的事件，常常采用这种形式。

（二）沟通要点

严格依据有关规定和程序。与客户进行书面沟通，往往意味着事情具有严肃性，有时会涉及并不愉快的事件。为了避免不必要的争端，让自己处于更加主动的地位，一定要严格遵照相关的规定，按照程序给客户去函。如果条件允许，最好用其他方式向客户简要说明去函的理由。

文本严谨规范，经过审核。给客户所写的书面资料，一定要按照规范的格式、使用规范的措辞，对于重要的文本内容，最好交给相关领导审核无误以后再发送给客户，避免因为函件中存在的不当之处引发的矛盾纠纷。

第七章

如何避免或挽回流失的客户

因为种种原因，客户关系可能会流失，可能是由于服务或产品让客户不满意，也可能是客户出于自身的考虑决定终止关系。本章将对客户关系流失的原因进行总结，并讲述避免客户流失的有效策略和在客户关系流失时的挽回策略。

第一节　客户流失的原因分析

一、客户流失的定义

客户就是购买产品或服务的主体，根据这个定义，可以知道，客户流失就是指客户不再购买产品或服务。

一般来说，客户流失可以分为两类：第一种是完全式流失，即客户不再从企业购买任何产品和服务；第二种是渐进式（或潜在式）流失，即客户虽然仍购买产品和服务，但是购买的数量正在减少或者表现出减少的倾向。

二、客户流失的现实危机

伴随着电力体制改革，供电企业长期所拥有的垄断地位逐渐被打破，多样的售电主体开始进入电力市场，正在以越来越有侵略性的姿态开始抢占市场份额、竞争高价值客户群体。当前，正在或可能与供电企业开展竞争的新型售电主体主要包括以下四类：主要由民间资本组建的售电公司；部分发电企业；热冷电三联供、节能服务等企业；某些采用原始分布式发电方式的售电主体（在高新园区中常见）。

2018 年，在全国已经完成注册的售电主体超过 400 家，云南、重庆、广东、贵州等多个省市已开展实质性的市场化售电业务。

可以预见，随着售电市场的进一步放开，供电企业会面临进一步的市场占有率降低、增量配电业务流失等风险，具体表现为客户，尤其是高价值、信用好的优质客户的流失。这些客户是供电企业利润的主要来源，会直接影响企业效益，因此，客户流失是供电企业面临的现实危机。

三、客户流失的原因

客户流失的原因主要可以分为两大类：主动流失和被动流失。

（一）主动流失

主动流失是指客户出于主观意愿而终止与供电企业的合作关系，不再购买供电企业的产品和服务。一般来说，出现客户主动流失说明客户对供电企业存在某方面的不满意，或者在市场上发现了更加心仪的合作主体。出现客户的主动流失，说明供电企业的市场竞争力弱化了，应该引起供电企业的格外警惕。

主动流失的主要类型可概括如下。

1. 财务类

财务类原因是指客户出于自身财务的考虑而终止合作关系，反映在供电企业与客户的购买关系上，通俗地讲，就是客户认为供电企业收取的某项费用过高。

具体来说，客户主动流失的财务类原因包括电费、服务费用、产品费用等，其中电费是最为主要的因素。当售电市场进一步开放以后，由于其他售电主体的竞争，依据经济学原理，市场上的电价必然会低于现在的电价。对于用电量多的大客户来说，参与市场化售电的意愿和动机都非常强烈，供电企业很可能会因此而流失体量大、价值高的客户。

2. 服务类

服务类原因是指客户由于未能得到满意的服务而终止合作关系。随着电力市场从卖方主导逐渐转向买方主导，客户对供电企业的服务要求也越来越高，营销工作也因此面临着从"以业务为中心"到"以服务为中心"的转变。

一般来说，客户主动流失的服务类原因可以分为以下两种：

（1）服务工作失误。这类服务问题可能是由于营销服务人员态度不够热情、服务礼仪欠缺、服务水平不足等。也有可能是由于服务流程、工作方式等本身存在不合理性、滞后性。总之，这类问题往往引起客户的不满意甚至反感，可能造成客户流失，甚至由于客户的传播而造成更大范围的不良影响。

（2）服务精益程度不高。这种情况供电企业本身提供的服务并无差错，但是由于客户对服务提出了更高的要求而供电企业未能满足，从而导致了客户流失，比如服务便利程度、服务人员专业知识水平、服务总体效率等。这类情况应格外注意，从金融（银行）、通信、物流等逐渐开放的行业的发展规律来看，新进入市场的竞争主体往往能够更加灵活，在服务上取胜。近年来，国家电网公司不断强调服务的重要性，就是在为市场竞争做好充分的准备。

3. 工程类

由于供电企业的工作特征，工程建设质量也是可能引起客户流失的原因之一。其中，业扩工程是影响最大的一环。供电企业要扩大业务规模、增加市场份额，就离不开做好做大业扩工程市场；而同时，供电企业开展业扩报装服务的全过程对客户的影响也是最为直接和深远的。在业扩工程和报装服务的过程中，如果出现工程质量不好、工程逾期未完成、沟通对接不到位等，都有可能成为潜在的客户流失的原因。

4. 产品类

产品类原因是指客户对于电力相关产品有更高的要求，而供电企业所提供的产品不能满足客户的需求。从其他行业的发展规律来看，新的竞争主体往往能够开发出非常具有市场竞争力的产品，对市场上原有的卖方造成巨大的冲击。比如微信推出的微信支付、微粒贷，支付宝推出的移动支付、余额宝等，都对传统的银行业（包括中农工建交等国有大行）造成了不小的冲击。

在电力行业也面临着相似的情况，多年以来供电企业为客户提供的产品在功能上较为单一、在内容上比较单薄，如果不能够开发出具有竞争力的产品，售电市场上很有可能会出现"黑天鹅"。

5. 替代能源类

替代能源类原因往往出现在某些用能需求大的企业客户上，对于这些客户来说，除了用电作为能源以外，煤炭、石油、天然气等都是备选的替代能源。目前，有许多企业采取的是多种能源综合使用的用能方式。如果客户认为，其他形式的能源更加能够满足其经营需求，就有可能挤占其用电的份额，从而造成客户的流失。

（二）被动流失

被动流失是指客户出现客观原因而终止合作关系，不再购买产品或服务。一般来说，客户的被动流失往往是非自愿行为，并非对供电企业的产品和服务有所不满。这种类型的客户流失供电企业不愿意看到，但是往往也无能为力。

一般来说，造成客户被动流失的主要原因有以下四个方面。

1. 外部经济、产业的形势发生变化

由于外部经济环境，或者客户的产业环境发生变化，客户所在行业上下游供需变化，从而导致客户的业务缩小或者调整。这种情况会导致客户流失，最为常见的表现就是客户用电量减少、电费减少。

2. 相关政策发生变化

企业生产经营受到国家政策和产业政策的影响。产业政策是政府为某些产业制定的发展目标和规划以及实施措施等。毫无疑问，当企业所处产业受国家或当地产业政策扶持时，企业在生产经营上，如项目审批、原材料和资金等供给乃至税收等方面都可能会享受到优惠政策，从而有助于经营效益的提高。如果产业政策或相关政策发生变化，客户的用能需求或用电需求会发生相应转变，会直接或间接导致用电量减少和客户流失。

3. 客户自身经营策略发生改变

客户自身的经营策略，如客户更换了主要经营的产品、使用了新的工艺等，也有可能导致客户用能需求的变化，如用电量减少，从而造成客户流失。此外，如果客户出于经营需求而搬迁厂房，也会造成客户流失。

4. 客户自身经营不善

由于客户自身经营不善，导致其业绩下滑，就不得不缩减开支，从而导致用电量减少，形成渐进式流失；严重的可能出现企业倒闭，形成完全式流失。

第二节　避免客户流失的有效策略

一、开展电力客户忠诚度调查及评估

客户的忠诚度是建立在客户满意度的基础上，对于供电企业产品及服务的一种反馈。通过开展电力客户的满意度和忠诚度调查，及时跟踪客户对于供电企业近期服务的整体评价，作为掌握客户反馈的重要手段。同时，供电企业可以根据调查结果针对客户不满意的地方进行快速改进，推动供电服务的持续优化。开展电力客户忠诚度调查及评估不仅可以改善公司现有的服务水平和服务质量，而且可以让客户感受到供电企业对于客户的关注以及持续改进的效果，这两点都有助于供电企业避免客户的流失。

二、为客户提供高质量服务

质量高低关系到企业利润、成本和销售额。每个企业都在积极寻求用高质量的服务以留住优质客户。供电企业曾经将主要精力集中在产品本身，而忽视服务的质量。但随着产品技术的日趋同质化，服务已经成为影响客户感知的关键因素。因此，为客户提供服务最基本的要求就是考虑客户的感受和期望，从客户对服务或产品的评价转换到服务质量上，并建立闭环的服务反馈机制，根据客户需求持续改进服务。

三、加强与客户的信息即时互通

在管理上非常重要的是与客户沟通，提供知识信息。客户经理作为企业的营销服务人员，应传达好客户的要求、意见。客户经理与客户实现信息即时互通的前提是建立并维护良好的客户关系。因此，客户经理应该在服务最前端与客户建立互信关系，并保持与客户的常态化沟通，多去聆听客户的服务需求和服务反馈，保持良好的客户关系。通过维护好客户关系，可有效避免客户的流失。

四、保证高效快捷的执行力

要想留住客户群体，良好的策略与高效的执行力缺一不可。许多企业虽能为客户提供好的策略，却因缺少执行力而失败。在多数情况下，企业与竞争对手的差别在很大程度上取决于双方的执行能力。假如我方企业比竞争对手做得更好，那么就会在多个方面实现领先。因此，客户经理应该在明确客户需求的前提下，保证供电企业服务高效快捷，为客户提供良好的服务感知，减少客户不良感知，避免客户流失。

第三节　挽回客户的有效策略

一、调查流失原因

（一）调查形式

可以根据实际需求，选择上门调查、电话调查、问卷调查、间接调查等方式进行客户流失原因的调查。

（二）重点调查信息

开展客户流失原因调查时，应重点关注如下信息：

1. 财务类——客户财务信息

应重点调查客户的营业收入、利润总额、负债、总支出等指标，如果发现客户的营业收入、利润总额下跌，那么说明客户的业务发展不顺，从而缩减用电量，问题出在"开源"上；如果发现客户的负债、总支出上升，那么说明客户最近的经营管理成本增长，不得不减少开支，从而缩减用电量，问题出在"节流"上。当这些指标出现明显变动，就说明客户流失的主要原因在于财务状况。

2. 服务类——客户服务记录

应重点调查客户周边服务站点（包括营业厅、供电所、客服中心等）数量及距离、故障次数和平均修复时间、咨询投诉记录，必要时还可前往对应的服务站点，找到当时的服务人员了解服务详情。如果客户对这些服务存在不满意的地方，说明客户流失的主要原因在于服务。

3. 工程类——业务流程记录

应重点调查现场勘查记录、供电方案答复记录、工程合同、施工进度、施工竣工报告等。如果从这些记录中发现问题，或者记录本身存在问题，说明客户流失的主要原因在于工程。

4. 产品类——客户购买记录

应重点调查客户最近的购买记录，包括设备购置情况、产能变动情况等，如果发现客户有较为明显、幅度较大的购买行为，说明客户流失的主要原因在于产品。

5. 替代能源类

通过比较客户用电量与用能量的比值，判断客户是否采用其他能源替代电能。如果发现比值明显降低，而其他能源对应的比值升高，则说明客户流失的主要原因在于替代能源。

6. 被动流失类

重点分析客户的资产总额、负债总额、净资产、总产值、净利润等因素，如果发现负债持续增长、产值降低、利润降低，说明客户可能由于种种原因出现经营问题或正在进行调整，那么客户流失的主要原因是被动流失。

二、客户挽回决策判断矩阵

针对不同的流失客户，应该采取不同的应对方式，在进行挽回之前，首先应当进行客户挽回必要性判断。进行判断的维度主要有两个：客户价值和挽回难度。

（一）判断维度

1. 客户价值

客户价值是判断的第一个维度，可以根据客户价值体系、客户信用体系等分析工具，结合客户的实际情况进行客户价值分级。初步可将客户分为高价值客户、中等价值客户和低价值客户。

2. 挽回难度 / 成本

根据流失原因的调查结果以及客户实际情况的分析，可以对挽回难度和成本做出估计。一般来说，被动流失和带有极大不满的主动流失客户可以认为是高难度，带有不满的主动流失客户可以认为是中等难度，带有轻微不满的主动流失客户可以认为是低难度。

（二）客户分类矩阵

根据客户价值和挽回难度两个判断维度，制定客户分类矩阵如表 7-1 所示。

表 7-1　　　　　基于客户价值与挽回难度的客户分类矩阵

挽回难度＼客户价值	高价值	中等价值	低价值
高难度	Ⅰ类客户	Ⅳ类客户	Ⅶ类客户
中等难度	Ⅱ类客户	Ⅴ类客户	Ⅷ类客户
低难度	Ⅲ类客户	Ⅵ类客户	Ⅸ类客户

（三）挽回决策

通过客户分类矩阵，基于价值与挽回的难易度，将客户分为 9 类客户。对于矩阵中不同区域的客户是否要挽回，需要个性化决策。

从分类矩阵中可以看出，Ⅱ、Ⅲ、Ⅵ类客户挽回的难度相对较低，而客户的价值高。这部分客户属于必须挽回的客户，如果失去，会严重影响供电企业的效益。Ⅶ、Ⅷ类客户挽回难度高，而客户本身的价值较低。这部分客户事实上属于可以放弃的客户，不必花费资源去进行挽留。

其他几类的客户相对复杂一些，具体分析如下：

Ⅰ类客户价值高，挽回难度高。这样的客户有很强的议价能力，在电力买方市场上拥有很高的地位，往往是行业龙头、明星企业、地区支柱企业等。这类企业会是未来各个售电主体竞争的重点客户，是供电企业业绩的"稳定器"。对于这样的客户，应该投入较多的资源进行挽回。一般来说，应由相关领导亲自牵头，制定工作计划，开展客户挽回工作。

Ⅳ、Ⅴ两类客户具有中等水平的价值，同时挽回的难度较高。这类客户一般是当地较为重要的客户，如工业、公共事业及管理组织、农林牧渔业、金融地产等。与此同时，他们对供电服务的要求越来越高。这部分客户往往是大客户的主要组成部分，对待这类流失客户，应该制定具有针对性的挽回策略。

Ⅸ类客户的价值较低，同时挽回的难度较低。这类客户数量较多，他们流失的原因主要是出于财务因素或者被动流失。对于这类客户，需要开展两项工作：一是加强流失风险预警管理；二是制定规范化、标准化的挽回策略，防止出现批量流失的情况。

三、制定针对性挽回策略

对于经过判断，需要进行挽回的客户，可以根据其流失的原因制定针对性的挽回策略。

（一）被动流失类

被动流失的客户一般属于不可挽回或极难挽回的客户。对于这类客户，供电企业应该维护双方的良性关系，以求对方能够在市场上提供好口碑和好评价，或待对方重新回到电力市场时将供电企业作为其首选供应商。

（二）财务类

对于因财务原因主动流失的客户，由于电价是政府统一制定，供电企业无权变更，故可以与客户共同商讨用电方案，根据客户的生产经营情况，发挥供电企业专业能力，帮助客户制定优化用电方案。在日常工作中，帮助这类客户密切关注电费电价政策，若政策有变化时应及时提醒。

（三）服务类

对于因服务原因主动流失的客户，应注意加强与客户的密切联系，深入了解客户需求，为客户制定针对性的、成体系的"一揽子"服务方案。对于存在服务过失的，应当及时致歉，并向客户提出弥补方案。

（四）工程类

对于因工程原因主动流失的客户，应立即向客户致歉，并按照服务标准、技术标准和合同约定目标进行工程整改。

（五）产品类

对于因产品原因主动流失的客户，应为客户提供详实、清晰的产品目录，并主动上门，向客户介绍供电企业的产品。

（六）替代能源类

对于因使用替代能源主动流失的客户，应向客户宣传国家关于提高电气化水平的政策，介绍使用电能相较于其他能源的优势，比如电能替代后的减排降本、安全稳定等。在宣传时，应使用具体数据和真实案例，以加强说服力，让客户愿意选择使用电能。

第八章

如何高效利用客户关系

随着电力市场化改革的深入，供电企业未来将会面临着激烈的市场竞争，为了在这些竞争中脱颖而出并获得进一步的发展，采取何种营销策略成为供电企业必须考虑的问题。深入挖掘客户需求，高效应用客户关系，制定有效的新型营销策略，实现快速的项目转化，已经成为供电企业提升服务水平和竞争力的重要任务。本章主要介绍客户经理对客户需求进行挖掘与项目转化，介绍定制服务和精准营销两种基于客户关系的新型营销策略，为电力营销人员提供工作指导。

第一节 需求挖掘与项目转化

一、发现客户的难点

挖掘客户需求的关键点在于如何发掘客户发展中的痛点和在用能中亟待改善的地方，对客户进行有效的引导，针对客户痛点给予客户综合能源服务建议。通过前期对客户用能数据的分析，发现客户当前存在的客观问题，再结合后期与客户的深入沟通和访谈，就能准确辨别客户的痛点。客户需求挖掘策略参考见表 8-1。

表 8-1　　　　　　　　　客户需求挖掘策略参考

客户痛点	具体表现	建议服务类型	服务内容
能源利用效率低	能源浪费； 能源产能过剩； ……	能源资源综合利用	微能源网； 多能互补；

续表

客户痛点	具体表现	建议服务类型	服务内容
能源利用效率低	能源浪费； 能源产能过剩； ……	能源资源综合利用	分布式电源市场化交易； 储能技术与应用； 工业余热余压综合利用； 生物质综合利用
专业化能源管理水平低	能源管理岗位工作效率低； 电力设施运作效率低； 能源结构待优化； 高效清洁的能源利用占比低	能源基础服务	能源托管； 电能替代； 综合管廊； 综合能源服务平台； 电力设施建设运维； 能源服务设施建造销售
清洁能源应用少	污染物排放超标； 能源结构中清洁能源占比低； 有电气化需求但并未实施	清洁能源开发供应	岸电； 电动汽车充电桩； 冷热电三联供； 可再生能源发电； 清洁能源发电； 绿色电源
用电需求不满足	需量不足； 用电合同中的模式不灵活，不符合客户用电习惯	市场化配售电	增量配电； 需求侧管理； 市场化售电
用电量大，电费高	应交电费数额高； 节能设备少； 能效较高，用电习惯不合理	节能服务	工业节能； 建筑节能； 绿色照明； 电网节能； 电厂节能； 能效管理
用能情况分析缺失	缺少用能数据； 没有能源管理岗位； 电能采集设备落后，无法进行分析	能源数据增值服务	能源数据； 能效咨询评价； 用电信息采集系统； 智能电能表； 碳资产咨询管理
在综合能源业务中有融资需求，担心风险和操作难度	担心融资风险； 项目建设成本高，难以承担； 设备价格高，需要租赁	能源金融服务	金融服务； 融资租赁； 电子商务

二、可行性研究

可行性研究是综合能源服务项目立项的重要基础，主要针对综合能源服务项目中的软硬件配套设施进行细化分析和综合评估，包括技术可行性研究、财务可行性研究和环保可行性研究。可行性研究是对项目投资的优势、劣势以及如何进行项目建设规划提出建设性意见，帮助进行项目决策，因此可行性研究应具有预见未来、先进科学、公正可靠的特点。

（一）技术可行性研究

技术可行性研究对项目双方都很重要，关系到项目整体技术的可靠性以及项目整体的过程管控。

1. 技术方案

技术方案是基于前期对客户需求进行充分调研和科学论证后，针对客户需求提出的基于综合能源服务的服务方案，包含综合能源服务项目中所采用的科研方案、技术措施、技术改革等。

2. 技术水平

对技术方案中拟选用的技术进行全面的性价比评价，包括技术的发展水平、使用范围、应用效果评估等。

3. 技术、设备可靠性

技术、设备的可靠性研究主要包括对技术原理的论述、主要设备的来源与选择两个方面。

（1）技术原理。供电企业要对技术原理进行充分论证，提供拟采用技术原理已实现的案例或科学的预期成果，确认技术与项目需求的匹配，确保采用的技术能达到预期成果。

（2）主要设备的来源与选择。综合能源服务项目中会用到大量设备，因此选择合适的设备并进行科学的设备管理可对项目的预期成果具有重要影响。设备可靠性的论证中需要注意以下的内容：

1）自身的可靠性（使用寿命、安全性、可操作性）；

2）设备售后服务和维护保障；

3）在役设备情况调研；

4）设备供应商是否提供技术服务。

4. 技术、设备风险管理

技术操作中的风险是客观存在的，但只要进行合理的风险管理，就能将技术操作中的风险降到最低，甚至做到及时规避。因此，技术、设备风险管理规程也是可行性研究的重要部分。

5. 项目后续影响

综合能源服务项目通常涉及客户用电、用能习惯的改变，因此会对客户产生一系列后续影响。对于这些影响，需要在可行性研究中进行综合考虑，否则可能会在后续项目进程中产生隐患。

（二）财务可行性研究

财务可行性研究是项目可行性研究的重要组成部分，贯穿项目规划、建设及后期运营的全过程。通过对项目进行成本收益分析，能够为客户提供未来可预估的成本和收益情况，帮助客户做出最佳的投资和建设决策。

1. 成本分析

项目成本的估算和分析是项目整个周期中成本管理工作的核心，因此在财务可行性研究中应当提供初步的项目成本估算。由于具体的技术方案和工程管理计划还未敲定，因此这个阶段的成本估算结果比较粗略，只能进行粗略量级估算（Rough Order of Magnitude，ROM），粗略量级估算的准确度为 –25%~75%。

2. 收益分析

可行性分析中收益分析指的是对项目最终实现效果和收益的分析，体现为可估算的收益和不可估算的收益两类。在综合能源项目的可行性分析中，主要关注的收益有以下三个部分：

（1）一次性收益：指的是项目结束后一次性生成的项目收益。

（2）非一次性收益：指的是由于设施设备和技术投入使得项目结束后企业很长一段时间内获得的收益，例如生产成本的节约。

（3）不可定量收益：指项目带来的软性的收益，例如生产效率提升、生产技术优化、业务流程优化、用能结构优化、用能稳定性提升、资产利用率提升等。

3. 投资回报率分析

投资回报率是项目初期可行性研究的重要指标，是指在特定时间内为达到预期目标，收益和成本投入的比率，数值越高表示投入越有价值。计算公式如下：

$$投资回报率 = 项目收益 / 项目成本$$

在综合能源项目的投资回报率计算中，要考虑项目的管理机制，一些综合能源项目是节支项目或提效项目，而不是增收项目，项目的产出体现在支出的减少或不可定量收益中，而不直接体现在客户的账面上，对于这些项目要明确其所产生的效益。

4. 投资回报周期分析

投资回报周期是指在正常经营条件下，项目产生的收益额和计算提取的设备设施折旧额、无形资产摊销费用等最终达到项目总投资的数额的时限。投资回报率通常用于衡量收回初始投资的速度，回收期越短，说明项目的效益越高。

综合能源项目的可行性研究中，对投资回报周期的评估可以作为项目效益的指标，但由于综合能源项目的收益不仅在于提升企业的经济效益，还有提升社会效益，实现优化社会能源产业结构的任务，因此对于综合能源服务项目的评估除了投资回报率、回报周期等因素，还要考虑其他方面的收益，比如对供电企业的品牌宣传效益、对社会的示范效益、对客户的社会影响力促进等。

（三）综合效益分析

1. 社会效益分析

社会效益分析主要是指在综合能源服务项目中各种类型的项目在项目成功实施后为社会做出的贡献。评价指标主要包括以下几个方面：

（1）先进的技术示范效果。在国家政策的推动下，当前能源行业的重点工作之一就是改善能源利用结构，优化能源的使用，各综合能源服务试点示范区域呈现逐渐增加的趋势。因此，在对综合能源服务项目的社会效益进行考量的时候应当考虑其项目中的技术先进度、技术可实施性、设备设施配置等情况在符合企业发展条件的情况下是否对周边的区域相关综合能源服务技术起到了示范、推动作用，以此来保障其有良好的社会效益。

（2）对相关产业的带动作用。通常综合能源项目的建设都会联动不同的产业协同进行，因此在项目的规划过程中要考虑是否能充分带动上下游产业的协同发展。如设备制造、设备运行维护、土木工程建设、合同能源管理等与综合能源项目实施息息相关的产业，带动其发展将会极大促进区域经济的发展和进步，提升就业率。

（3）对该企业服务人群、客户的影响力。综合能源服务项目的落地实施不仅会影响客户的生产方式和生产效率，也会在该企业服务的人群、客户群体中产生积极影响。若综合能源服务项目落地的企业能够将项目作为本企业的亮点工作进行宣传推广，形成一定的品牌效应，就能带动更多群体对综合能源服务的兴趣，更加关注环保问题，关注通过能源效率的改进来提升企业综合实力。因此，在综合能源项目的可行性评估中，也需要将这一点考虑进去。

（4）对国家政策落实的推动作用。节能减排事业是当前国家大力推动的重点发展事业，同时在"互联网＋"的大环境下，能源行业技术的更新换代和能源利用效率提升也是当前的重要关注点。综合能源服务项目的建设中对一些新的技术和模式的推广能够促进城市的能源行业发展深度和宽度，优化能源结构，推动经济效益和社会效益双赢，有益于推动国家相关政策的落实。

2. 环保效益分析

环保效益主要是对项目运行后对环境带来的影响进行评估。

（1）能源综合利用率。能源综合利用率主要关注客户在项目运行后能源总体的利用率是否上升，主要的考察方向有用能的输送过程优化、能量的输送损失、设备设施及线路设计是否科学、最终能源的利用比率等。

（2）企业节能能力。企业的节能能力主要是指企业在项目实施后节约能源的能力提升。在综合能源项目中往往节能量不能脱离能源综合利用率而单独计算，主要考察客户在项目改造之后用能量的减少，通常采用年均节能量来进行计量。

（3）企业污染防治。企业污染防治主要是指通过运行综合能源服务项目企业对自己所产生污染的防治能力是否有提升，例如污染物减排量、噪声污染控制程度等指标。

3. 社会风险及对策

社会风险主要是指在综合能源项目建设及运行过程中由于一系列原因可能产生的社会风险，例如在园区建设中，有可能由于创业压力导致创业者不入驻园区，导致厂房限制等原因，承办企业蒙受损失。这时可以针对具体情况提出解决对策，例如：针对前面的问题可以进行分期规划，减少一次性投资规模，减少厂房或征用土地闲置情况。

三、客户意愿调查

（一）客户的收益

在与客户进行沟通的过程中，如果展现企业带给客户的价值则能快速获得客户的认可。在综合能源服务业务中，若想说服客户采纳方案建议，支持后续的项目进程，就要陈述清楚项目过程中供电企业为其提供的全程服务和后续将产生的好处和收益。可以从以下四个方面来阐述。

1. 专业化服务

综合能源服务业务中，应当向客户说明项目团队将会为其提供专业化服务，包括综合能源服务整体方案设计、技术设备改造和采购、项目管理及施工管理、项目运营维护、相关人员培训等。这些无形中减少了客户的管理成本，实施起来效率远远高于客户自己进行改造。

在与客户沟通时，应当体现出专业的态度，让客户感受到供电企业的专业水平的同时也能在潜意识中感受到未来在项目中能获得的专业化服务。

2. 风险与负担转移

对于需要投入大量资源和资金进行建设的大型项目，客户对项目中所需要承担的风险可能是阻碍客户接纳方案的主要原因。应当向客户说明，综合能源服务项目有多种合作商业模式，其中一些商业模式能通过外部单位或综合能源公司进行项目融资，客户可以做到少投资、零投资，对资产负债率无影响。因此在实际操作过程中客户承担的风险并不高，也减轻了负债压力。

在与客户沟通的过程中，应当对针对客户可选的合作模式进行详细解释。

3. 税收优惠

为支持节能减排事业，优化能源产业结构，国家出台了一系列相关政策、措施，鼓励各个用能单位使用综合能源服务。例如：

（1）合同能源管理企业、供热企业可享受免征增值税优惠；

（2）风力发电、水力发电、资源综合利用企业可享受增值税即征即退；

（3）《资源综合利用企业所得税优惠目录》《公共基础设施项目企业所得税优惠目录》《环境保护、节能节水项目企业所得税优惠目录》等都提供了可供参考的税收优惠政策。

因此，在与客户沟通的过程中，应告知客户使用综合能源服务后获得的相关税收优惠。

4. 效益提升

传统的能源服务模式是以产品为中心，而综合能源服务是以客户为中心来进行的。一方面在综合能源项目的实施过程中，供电企业和综合能源服务公司能够通过合理的商业模式帮助客户规避风险，保障客户没有运营风险，提供优质的专业化服务，减轻企业自身的运营困难，也是一种无形的效益提升；另一方面，综合能源服务项目能极大提升客户的能源利用效率，在合同期内与客户共同分享节约能源收益，合同期满之后客户能自己享有节能收益。

（二）向客户展示方案

对于综合能源项目，企业管理者通常关注项目为企业带来的收益，以及项目对公司可能产生的影响。与企业管理者进行沟通时应注重以下两个要点。

1. 简明扼要地介绍项目的特点及优势

企业管理者可能对综合能源项目的具体执行内容并不关注，但对项目整体的特点、项目建成后对企业的好处更有兴趣。因此，在沟通中应当注意以简明扼要的方式，向企业管理者明确地阐述该项目的特点和自己在相关领域的优势，以及项目结束后为客户在其领域内创造的价值提升。

介绍要点包括：项目建设的预期成果与现况的对比提升、项目建设中投融资的风险规避和供电企业能为他们提供的风险保障、项目团队的技术实力说明。

2. 重点展现项目需要的投资、预期收益、回报率等宏观情况

企业管理者要对企业的财务状况负责，因此，在与企业管理者沟通时可以用直观的图表向他们展示企业可能获得的收益和回报率；并且说明越早进行项目实施，越能提前获得收益。

四、商业规划

（一）商业模式选择

在综合能源服务项目中，主要的商业模式有以下六类。

1.EPC 模式

EPC 指的是合同能源管理（Energy Performance Contracting），目前主要是针对节能业务，通过建立能源管理合同，为客户提供节能服务。其实质是以减少的能源费用来支付节能项目成本，降低运行成本。

2.BT 模式

BT 指的是"建设—移交"（Build-Transfer），主要是指政府授权企业进行融资建设，项目验收合格后由政府赎回，采用财政预算资金支付企业的投资和合理回报。

BT 模式的运作过程包括五个阶段：项目的确定阶段、项目的前期准备阶段、项目的合同确立阶段、项目的建设阶段和项目的移交阶段。

3.PPP 模式

PPP 指的是公私合营模式（Public Private Partnership），指政府部门与企业达成合作伙伴关系共同进行公共设施建设和相关服务。此类商业模式主要适用于大型基础设施建设与社会公共设施建设和相关服务。

4.DBFO 模式

DBFO 主要指的是"设计—建造—融资—运营"（Design–Build–Finance–Operate），是 PPP 的一种典型模式。政府制定服务标准，企业进行设计、建造来提供服务，并负责融资和运营。

5.BOT 模式

BOT 指的是"建设—经营—转让"（Build–Operate–Transfer），是指在以政府与企业达成协议为前提的基础上，特许企业在合同期内筹集资金建设设施并实行管理经营的职能。

6.B2B 模式

B2B（Business to Business）指的是企业与企业之间通过互联网技术实现产品、服务及信息的交换，主要关键点在于实现开放共享、资源共享以及角色的互换交融。

（二）收益估算

收益估算是在投资估算和融资方案分析的基础上对项目收益进行合理的估算。可结合本节二、（二）中的有关内容进行撰写。

收益估算中必须注意的要点是根据选择的商业模式，明确合作各方的投资、收益、回报率、回报周期等内容。

五、项目转化阶段

项目转化阶段主要是进行项目谈判和项目转交。

（一）谈判技巧

优秀谈判技巧是指高效能的沟通方式，谈判技巧的提升包括掌握谈判的策略和对谈判达成的流程有清晰的梳理。

1. 谈判策略

正确的谈判策略能帮助谈判双方在高效率的沟通过程中最快达成一致，实现双赢，主要有以下策略：

（1）目标至上：在谈判开始之前明确谈判的目标，在谈判过程中时刻保持目标的清晰，围绕要实现的目标进行对话。

（2）利用对方的标准：在谈判中关注对方准则和谈判规范，适当遵守对方的规则，制造合作的气氛。

（3）重视对方：站在对方的角度考虑对方的需求，将陈述自己的诉求转变为如何让自己的诉求与对方的需求合为一体。

（4）坦诚相对，谨守道德。

（5）沟通和表达：针对特定情况下客户会出现的应急反应进行预防，准备应对方案，从而完善自己的沟通和表达方式。

（6）因人而变：谈判策略和内容应当随着对象的改变而改变，情况各有不同。

（7）找到真正的问题：当客户需求不明确的时候，可以引导客户，给予客户一些建议；当客户需求过多的时候，可以整合客户的需求，挑出重点需求。

（8）循序渐进：应当从客户最关心的内容逐渐引导到谈判内容上，消除突兀的感觉。

（9）对分歧持包容态度：当在谈判中与客户不能达成一致的时候，应当表现对客户的异议包容的态度，尝试理解客户的不同意见，尽可能与我方意见寻找相同之处，消除分歧，促进合作。

（10）明确清单：提前列出谈判中需要注意的各种事项和沟通的话题清单，进行排练。

2. 谈判流程

谈判的主要流程如图 8-1 所示，可根据实际情况灵活调整。

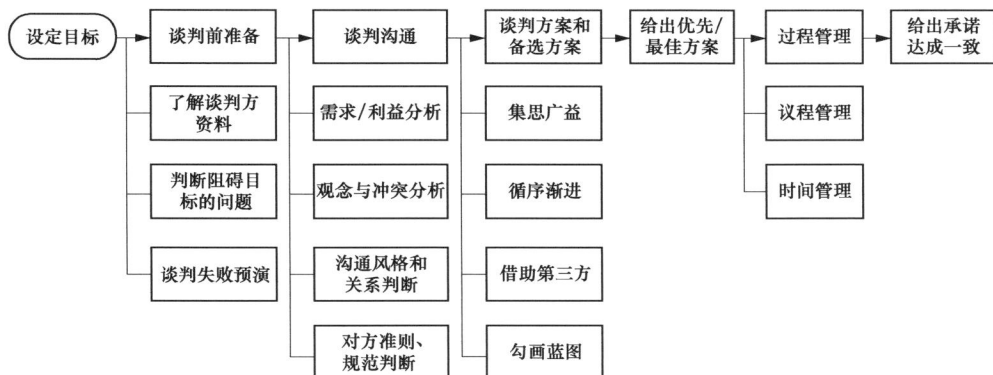

图 8-1　商务谈判流程

（二）项目转交

在谈判完成并与客户签订合同后，客户经理需要在项目开展过程中起到与客户沟通交流的纽带作用。同时，客户经理需要按照相关规范要求，将前期收集和整理好的客户资料，统一交付给项目实施的责任团队；并根据项目实施进程需要，对项目资料进行说明。

第二节　基于客户关系的新型营销

在基于良好、互信的客户关系之上，客户经理需从用户需求出发，结合用户用电特点，利用新的营销手段和方式，例如专属服务、精准营销等，进行针对化、差异化、精准化的客户关系营销，真正做到"以客户为中心"，不断满足客户的服务需求。

一、专属服务

专属服务就是从用户需求出发，一对一地开展服务工作。满足电力客户对电力品质和服务的特殊期望，对保障市场竞争条件下供电企业的可持续发展具有重要的意义。

（一）专属服务的概念和意义

1. 专属服务的概念

专属服务是指在客户参与或者与其交互的情境下，企业完全按照每一个客户表达的需求信息，提供与其个人需求匹配的服务风格、服务内容和服务方式，以满足客户个性化需求的一种服务提供模式。这种服务模式以客户为中心，打破了传统的被动服务模式，让客户主动参与服务过程并按照自身需求掌握、控制部分服务过程，为客户提供全方位服务，以提高客户满意度。

电力专属服务即专属服务在电力市场中的应用。电力专属服务包含电力定制和增值服务两个方面。电力定制是指供电企业能够为客户提供特定质量的电能，可以通过客户和供电企业协商、在厂区内建立专门设施来实现。增值服务是指供电企业丰富、完善各种增值优质服务项目，根据客户要求，提供独特的专属服务方案以更好地满足客户需求，提高客户满意度。

俗话说，世界上没有两片相同的树叶。客户的需求是千差万别的，市场的变化是日新月异的，要做到"以客户为中心、以市场为导向"，专属服务将会扮演越来越重要的角色。

2. 专属服务的意义

随着电力体制改革逐渐进入深水区，售电环节必将引入竞争机制。在这些必然竞争下，电力客户服务品质成为供电企业可持续发展的重要因素。国家电网公司的企业发展战略中就包含了电力客户服务的具体内涵，即事故率低、可靠性高、流程规范、服务高效、社会满意、品牌形象好。

电力客户对于供电可靠性与电能质量的要求越来越高，开展电力专属服务有利于提升电力客户服务水平，并更好地服务于高价值电力客户。供电企业要更全面地满足客户对电能和服务的需求，这样才能在竞争中占据一席之地。

（二）典型案例

1. 河南平顶山供电企业的专属服务方案

2016 年以来，河南平顶山高新区进入了发展快速通道，形成了以新材料和机电装备为主导产业、以现代服务业为配套发展产业的发展格局。2019 年，该区共谋划实施项目 72 个，总投资 536 亿元，覆盖智能制造、跨境物流等新领域。

河南平顶山高新区的产业，如尼龙新材料、机电装备制造等，对电力供应的需求量非常大，对供电可靠性要求也很高。不断落地的重点项目，使得电力保障在园区高速发展中的作用也愈加重要。

为服务好辖区内的重要大客户，河南平顶山华辰供电公司摸索出了一套能扶持当地重点产业发展的专属服务机制。该专属服务以项目为单位，实现每个项目一个分管领导、一个攻坚团队、一个供电方案、一套专项服务措施的"一站式"服务。这种专属服务的优点是能够充分了解客户用电需求，职责明确，方便客户与供电企业的合作以及加速项目的推进。

2. 浙江乐清供电公司"1+3"服务模式

目前，高压客户的业扩报装流程环节多且工程复杂，加上营销工作人员缺乏主动服务理念，使得服务质量难以提升。为了提升客户满意度，构建"以客户为中心"的现代营销服务理念，国网浙江乐清供电公司采用"1+3"服务模式，助力改善营销环境。

"1+3"服务模式中的"1"是指由客户中心客户经理、供电所客户经理、电力实业公司客户经理共同组成的一支专业化电力营商队伍，他们以客户为中心，为客户提供"一对一"的专家服务指导。"3"是指政企平台数据对接与渠道扩展、业务受理全程优化与质量管控、大客户服务价值全面提升三项工程。其中，大客户价值工程有利于构建标准化、差异化、个性化的多层次服务体系，在客户分类的基础上提供标准化的基础服务、差异化的增值服务以及个性化的专项服务，有效提升服务水平。

"1+3"服务模式建立在"以客户为中心"的基础上，有效梳理了公司内部业务流程，并整合公司人才队伍，增强了供电企业服务的主动性与专业性。三项工程的落实，不仅可以推进数据互联互通，方便客户使用线上渠道办理业务，还可以简化业务流程的手续，实现"最多跑一次"，对促进当地经济发展、改善电力营商环境起到了很大的作用。

3. 国网江苏省电力公司"标准化 + 平台化"企业专属方案

国网江苏省电力公司立足综合能源服务转型，率先构建综合能效评价体系，打造"标准化 + 平台化"的企业专属能源解决方案，即，每个客户都能拥有一位"能源管家"。

综合能效评价体系的标准化体现在，它为不同行业、不同企业的能耗水平提供一个标尺，即使它们对能源的需求各不相同。综合能效评价体系是建立在江苏省内各行业重点企业的能耗数据分析的基础上，并以科学的方式进行整合与优化。因此，该体系对指导其他企业的降低能耗、改善能源结构具有重要的参考意义。

除了构建标准化的综合能效评价体系之外，国网江苏省电力公司依靠人工智能、大数据分析等技术，推出了全国首个线上综合能源服务平台，即江苏能源云网平台。依托江苏能源云网平台的大数据，用能企业可以获得专属能效报告服务，以便及时准确地掌握用能信息，改进能源系统。而通过能源服务则可以了解客户需求信息，提供针对性的产品与服务。

在"标准化"与"平台化"双驾马车驱动下，国网江苏省电力公司在综合能源服务转型上取得了重大进展。仅在 2019 年上半年，已累计签约 206 个综合能源服务项目合同，营业收入增长至 5.6 亿，同比增长 110%。

4. 国网山东省电力公司为客户提供定制化"服务套餐"

为客户提供专属化、精准化服务，需要对不同需求类型的客户进行分类分级。因此，国网山东省电力公司从服务热点与客户需求点出发，在大数据与云计算技术的帮助下，构建优质客户评价特征体系。该体系运用了随机森林算法，从营销、采集、财务等国网内部信息系统采集了近 6 亿条原始用电数据，最后形成了由普通客户、一星客户至五星客户组成的多层次客户评价体系。

建立多层次客户评价体系后，还需要一套成熟的客户用能需求库，能够匹配不同层次客户的需求。因为不同行业的客户需求侧重是有差异的，比如对于连续生产的工业企业来说，电力的持续性供应非常重要，而房地产客户则更为关注用电成本与电能质量。为此，国网山东省电力公司通过发放调查问卷、现场走访、聘请外部咨询顾问、95598 回访等方式，收集了大量的客户需求数据，在此基础制定了 1124 项服务措施，也就是客户需求数据库。

建立好多层次客户评价体系与相应的需求数据库，国网山东省电力公司就可以为不同类型的客户提供定制化的"服务套餐"。定制化套餐的应用，大大提高了客户满意度。2018 年，在国家电网公司开展的三方客户满意度测评中，国网山东省电力公司取得了第一名的好成绩。

5. 广东省电网公司"一企一策"服务

为保证大型骨干企业电力"命脉"畅通，广东省电网公司用 3 个多月的时间，完成了对全省 100 多家大型骨干企业电力需求的摸查，记录每个企业的用电特性、负荷容量等。根据其不同情况建立了"一企一策"服务体制，从客户经理制、业务办理绿色通道、沟通联络机制和服务跟踪机制等方面有针对性地实施保障。与中小企业不同的是，每家骨干企业都配备有一名专门的客户经理。对于一些分布较广的集团性大客户，实行客户经理提级处理，即跨地市的问题由省公司市场营销部协调处理，跨区县的问题由地市供电局协调处理，大大提高了服务质量。

二、精准营销

精准营销是伴随着社会环境变化和科技进步而产生的新型营销理念和方式。

（一）精准营销的内涵

精准营销是在精准定位的基础上，依托现代信息技术手段建立个性化的顾客沟通服务体系，实现企业可度量的低成本扩张之路。

精准营销是在充分了解顾客信息的基础上，针对客户需求，有针对性地进行产品营销，在掌握一定的顾客信息和市场信息后，将直销与数据库营销结合起来的营销新趋势。随着大数据技术的快速发展，目前可以通过数据分析和数据挖掘实施精准营销。

在"互联网 +"时代，大量原始的客户用电数据资源是供电企业最具增值潜力的资产。供电企业可以充分利用和挖掘数据资产的价值和功能，开展客户用电信息的深层分析和挖掘，构建立体化、多层次、多视角的电力客户全景画像，实施针对不同电力客户属性的精准营销。

（二）精准营销的意义

（1）提高市场占有率。精准营销不是简单地基于互联网技术的一种营销工具，而是要将其中的精准化理念贯穿到企业产品的整个过程周期，使产品的传播目标明确、更有计划，有助于提高产品的市场占有率。

（2）优化用能方案。精准营销的应用是以数据分析、数据挖掘技术为基础的，即将海量的数据通过深度分析精确地推送，提供电力客户有针对性的、有价值的信息，并引导客户接受新服务，为客户相关用电行为提供决策依据。在精准营销的过程中，供电企业深入了解了客户的用电特征与用电需求，为提出优化用能方案做准备，而客户由于提前接触了与自身利益相关的信息，对新服务的接受程度增强，更愿意配合供电企业的业务开展。

（3）提升业务流程的透明度与规范性。精准营销的应用可以促进服务流程的变革，使得供电企业的服务响应速度更快、流程更加简化、监督更加透明。通过营销作业可视化平台，为客户提供流程在线可视化功能，解决客户环节信息不对称问题；将查勘、施工环节纳入监控，通过预警、督办、督促相关单位尽快完成业务，解决业务无法及时响应的问题；通过网络支持和专业协调，对协调环节进行智能化的安排和预警，实行流程实时在线，使营销流程透明化，将业务流程协调机制真正落地，解决协调机制不畅的问题；将营销作业现场情况上传可视化平台，实现装置作业规范化。

第九章

与居民客户的关系如何管理

　　互联网与实体经济的深度融合是未来经济发展的重点。电力行业作为国民经济的支柱行业，在互联网浪潮中也面临着改革和转型。伴随着电力市场的日新月异，推动了电力产品种类的多样化发展，促使供电企业整合其内外部各项资源，探索多方共赢的"互联网＋"电力营销模式，满足其终端用户多样化的个性需要。

　　本章重点介绍在互联网时代下居民客户关系的类型与特点，以及供电企业如何基于"互联网＋"技术，建立新型的居民客户关系管理，为客户经理管理居民客户关系提供参考。

第一节　居民客户关系类型与特点

　　居民客户是供电企业的重要客户群体。在当前的电力市场中，居民客户呈现出平均价值较少且总体数量庞大、管理难度复杂、管理成本较高的特点。伴随着社会经济的不断发展和电力市场的变革，居民客户对于电力服务的需求趋于多元化和个性化。如何管理与居民客户的关系成了客户经理应重点关注的工作内容。

一、居民客户类型

（一）工薪阶层青年客户

　　这类客户是居民客户中较多的人群，他们往往是工薪阶层的青年客户，对于新产品、新服务具有较强的好奇心，对新科技的接受度比较强。对于这类客户，要注重多为其介绍较新的产品与服务，满足其好奇心；对于他们提出的要求，往往可以与之协商，寻找双方都容易接受的解决方式。

（二）中年客户

这类客户往往是家庭的中流砥柱，多数人较为重视家庭，对于电费、产品、服务更加注重经济实惠性。对于这类客户，不妨站在对方的角度，多为其家庭中的老人、孩子考虑，往往能够获取对方的信任与好感。在介绍新的产品与服务时，也可以侧重从老人、孩子的角度宣传相应的益处。

（三）事业有成型客户

这类客户往往事业有成、经济基础好，对于他们需要注意两点：一是注重建立与其本人的关系，站在优享、品质的角度为其推介产品和服务，往往能够获得其好感；二是对于其中的企业主、公司高级管理人员等，要注意通过与他们建立信任，积极发展与其所拥有或所在企业的业务关系。

（四）老年客户

这类客户绝大多数不愿意接受新型科技，对新的产品、服务乃至办理业务的方式往往不够信任。对于这类客户，要注意通过人与人、面对面的形式，通过真诚、热情的服务与之建立起信任关系。

二、居民客户关系特点

（一）客户信息庞杂，管理难度高

在数以亿计的居民客户群体中，客户类型众多、信息纷繁复杂、管理难度较高，利用传统人工手段极难进行居民客户关系的管理，需要借助信息系统等技术手段对客户信息进行有效分类、整合和处理。

（二）客户关系动态变化

在居民客户关系管理过程中，需要对客户的基本资料以及历史交易信息进行记录，并定期进行整合和分析，当客户出现新的购买行为以及基本资料调整时，需要对客户原有的信息进行更新，这就是客户关系管理中的动态性特征。客户信息的动态变化给客户关系的管理也带来了动态的改变。客户信息的动态变化和即时传递都需要客户经理利用供电企业内部信息系统，实时对客户信息进行更新，对居民客户关系进行动态管理和维护。

（三）客户关系趋向互联网化

随着互联网的快速发展，我国消费者在网络消费的比例大幅提高。消费者借助互联网平台可以"随心所欲"地进行消费活动，消费者的购物行为也不在被时间和空间所限制，互联网为广大消费者提供了更为自由的发展空间。电力市场也不例外，大部分居民客户对于电力费用的支付都选择通过在线支付平台进行，对于电力服务的评价和反馈也在网上完成，居民客户的关系管理趋向于互联网化。

第二节　基于"互联网+"的居民客户关系管理

随着"互联网+"在国内的兴起，互联网技术与各行各业进行深度融合。基于"互联网+"出发，充分利用互联网思维和技术，可以实现资源的集中和高效分配，促进供电企业适应社会环境和客户需求的变化。2018年，国家电网公司以"网上国网"App为平台，推进国网"互联网+"的有效实践，进一步推动了基于"互联网+"的居民客户关系管理变革。

一、"网上国网"App平台

（一）设计构想

2018年初国家电网公司启动"网上国网"建设，整合在线服务资源，打造客户聚合、业务融通、数据共享、创新支撑的统一在线服务平台。"网上国网"App是构建现代营销服务体系的出发点、驱动变革的着力点、建设成效的检验点，是"网上国网"建设的关键内容。

（二）主要功能和应用场景

"网上国网"建设引入了互联网用户思维，通过细分客户群体，实现服务场景专属定制，完成多户业务一键满足，融合新型业务，实现多元需求一网通办，精简服务流程，实现营商环境优化提升。

"网上国网"App通过采集、存储和分析App客户在App操作行为数据，评估App客户的黏性、活跃及转化，对客户进行画像，分析市场和渠道的价值，支撑"网上国网"运营数据分析及产品优化，实现精准营销。

"网上国网"App吸收融合了国网商城、电e宝、e充电、光e宝等服务平台，构建了全新"5+N"服务频道，为住宅、电动车、店铺、企事业、新能源5类客户提供便捷办电、智慧用能等多元化服务，规划设计了135个线上服务场景，现已完成第一阶段81个服务场景的上线应用。

（1）住宅："网上国网"App可为低压居民客户提供交费、办电等基础性服务，辅助用能分析、积分、商城等特色化服务。

（2）电动车频道：为电动汽车客户提供充值、找桩充电、一网通办等专业化服务。

（3）店铺频道：为低压非居民客户提供交费、办电等基础性服务，侧重电费账单、用能分析、电费金融等专属化服务。

（4）企事业频道：为高压客户提供办电服务，强化负荷监测分析、能效诊断等专业化服务。

（5）综合能源频道：为客户提供最新的综合能源服务资讯，普及综合能源服务基础知识

二、基于"互联网+"的营销延伸

（一）"互联网+营销"的内涵

2015年3月5日，李克强总理在政府工作报告中首次提出"互联网+"行动计划。"互联网+"就是传统行业基于互联网平台对企业生产与服务进行提升，其实质是新一代智能终端、网络技术和服务创新的集聚融合。

"互联网+营销"是融合互联网思维，采用"大云物移智"技术，以客户为中心，以市场为导向，以大数据应用为驱动，以客户满意度为目标，围绕服务全业务流程，打造一条"前端触角敏锐，后端高度协同"的服务链，推动服务渠道之间、前端后台之间、相互专业之间的无缝对接，实现供电企业向主动创新型现代营销服务模式的转型。

（二）"互联网+营销"的模式

利用"互联网+"与营销服务融合，打造"前端触角敏锐，后端高度协同"的服务链，创新构建以客户为导向的O2O（Online to Offline，线上线下融合）新型营销服务模式。

该模式共分为五层：

● 服务产品层——围绕客户，以服务产品的形态来表达不同客户群体的需求；

● 服务接入层——通过多元化的渠道建立供电企业与客户之间随时随地的连接，形成敏锐的前端触角，快速响应客户需求；

● 服务调度层——对服务请求分类处理，形成规范的业务工单，合理调度大后台服务资源，更快速传导客户需求；

● 资源投放层——通过在线方式，围绕业务工单开展业务协同，更快速满

足客户需求;

● 数据运营层——利用大数据技术将碎片化的数据进行汇聚、提炼和分析,形成全方位的客户画像,实现对客户需求的洞察和对经营风险的预警。

(三)"互联网 + 营销"的典型工作方法

下面以业扩报装工作为例,介绍如何利用"互联网 + 营销"优化办电业务,通过"房电水气"联动过户、掌上电力 App 移动网上营业厅和智慧型营业厅建设,实现客户最多跑一次,甚至一次都不跑。

A 省电力公司开展"房电水气"联动过户,打造公共服务事项"一窗受理、集成服务",房电水气过户分别只需要跑一次。扩大办电入口,将办电业务纳入办理行政业务的窗口,推进用电业务"零证"办理,通过政务数据共享,实现办电"减资",甚至"零证"办电。

为了给广大电力客户提供全天候的电量电费、停电公告、电费缴纳、线上办电等信息互动,供电企业利用掌上电力 App,打造智能化、便捷化、互动化的移动网上营业厅,实现更多业务线上办理"一次都不跑"。

为了积极响应"最多跑一次"改革,新装、增容两大业务推行"一证办理",对省市的重点项目和园区高压客户办电过程中涉及的业务交费、图纸审核、竣工报验、合同签订四个环节实行上门服务,无须跑到营业厅办理。同时,依托智慧营业厅建设,利用身份识别、客户画像等智慧技术,提高办电效率,通过线上渠道、自助设备分流,缩短排队时长。

三、居民客户的新型业务拓展

1. 产品概述

能量豆是"掌上电力 App(2019 版)"上一款面向低压客户的精准营销特色服务产品,从多个维度对居民客户展开客户画像分析和价值评价,并提供与客户需求、客户价值相匹配的营销服务及产品。

2. 主要功能

能量豆的页面可以划分为 5 个功能区域,分别是户号管理、客户常见问题解答、能量值的介绍和引导、客户权益及服务展示、获得"超能卡"。

3. 应用场景

(1)业务场景:

● 识别拥有特殊用电习惯、交费习惯、有投诉风险的客户,提示服务人员

（现场）差异化服务；

● 识别高风险用户，要求做差异化批扣、预付费业务等，对出租户开展智能交费定向推广；

● 优化新型业务流程，例如智能交费短信发送频率，实行差异化欠费通知、停电通知等；

● 识别客户行为偏好，优化线下推广运营策略等。

（2）增值服务：

● 批量用户个性化用能分析、诊断服务；

● 新型业务办理 VIP 服务（如充电桩装表接电等）；

● 拓展电力以外的第三方服务（运营商宽带服务、图书馆租借、公共自行车租借等）。

PART 3

案例与实践

　　不同企业由于目标客户群体、业务类型及商业模式的不同，会采取不同的客户关系管理模式。即使是在电力行业，不同地区的供电企业，也会采取不同的客户关系管理策略，有很多创新的措施和做法。

　　他山之石，可以攻玉。通过了解和学习不同企业的客户关系管理工作，客户经理能够更加深入地理解前两章的知识，也能够开拓视野，触类旁通。

　　本篇以客户关系管理为核心，通过国内外不同行业龙头企业的大客户服务案例，综合性地介绍其客户关系管理模式；同时，通过不同地区供电企业的客户关系管理实践，分享客户关系管理的实战经验。

第十章

国内外客户关系管理案例

国内外的其他行业里，有大量关于企业客户关系管理的优秀典型案例。本章从能源化工行业、通信行业、航空行业、金融行业、互联网行业选取具有针对性的客户关系管理案例进行解读，为供电企业客户经理提供学习参考。

案例一 万科的客户关系管理

【案例内容】

"万客会"是万科 1998 年成立的业主俱乐部组织。据万客会的调查显示：万科地产现有业主中，万客会会员重复购买率达 65.3%，56.9% 业主会员将再次购买万科，48.5% 的会员将向亲朋推荐万科地产。这在业主重复购买率一直比较低的房地产行业可以说是一个奇迹。

一、万科的第五专业

在设计、工程、营销、物管的基础上，万科经过多年的实践和反思，提出了"房地产第五专业"的理念，即客户关系管理，企业也从原来的项目导向转为客户价值导向。为适应企业对客户关系管理的更高诉求，万科主动引入了信息技术，探索实现了客户关系管理的信息化。他们建立了客户中心网站和客户关系管理等信息系统，从多个视角、工作环节和渠道，系统性收集客户的意见建议，及时做出研究和响应。些意见和建议还为企业战略战术开发提供了指引。

二、万科独有的"6+2"服务法

万科有一个称为"6+2"的服务法则，主要是从客户的角度分成以下几步：

第一步：温馨牵手。温馨牵手的含义是强调购房信息的透明化，阳光售房。万科要求所有的项目在销售过程中，既要宣传有利于客户（销售）的内容，也要公示不利于客户（销售）的内容，包括一千米以内的不利因素。

第二步：喜结连理。在合同条款中，要尽量多地告诉业主签约的注意事项，降低业主的无助感，告诉业主跟万科沟通的渠道与方式。

第三步：亲密接触。公司与业主保持亲密接触，从签约结束到拿到住房这一段时间里，万科会定期发出短信、邮件，组织业主参观楼盘，了解楼盘建设进展情况，及时将其进展情况告诉业主。

第四步：乔迁。业主入住时，万科要举行入住仪式，表达对业主的敬意与祝福。

第五步：嘘寒问暖。业主入住以后，公司要嘘寒问暖，建立客户经理制，跟踪到底，通过沟通平台及时发现、研究、解决出现的问题。

第六步：承担责任。问题总会发生，当问题出现时，特别是伤及客户利益时，万科不会推卸责任。

第七步："一路同行"。万科建立了忠诚度维修基金，所需资金来自公司每年的利润及客户出资。

第八步："四年之约"。每过四年，万科会全面走访一遍客户，看看有什么需要改善的。

三、多渠道关注客户问题

倾听是企业客户关系管理中的重要一环，万科专门设立了一个职能部门——万科客户关系中心。该中心的主要职责除了处理投诉外，还肩负客户满意度调查、员工满意度调查、各种风险评估、客户回访、投诉信息收集和处理等工作。具体的渠道有：

（1）协调处理客户投诉：各地客户关系中心得到公司的充分授权，遵循集团投诉处理原则，负责与客户的交流，并对与客户交流达成的结果负责。

（2）监控管理投诉论坛："投诉万科"论坛由集团客户关系中心统一实施监控。规定对于业主和准业主们在论坛上发表的投诉，公司必须在24小时内给予答复。

（3）组织客户满意度调查：由万科聘请第三方公司进行，旨在全方位地了解客户对万科产品服务的评价和需求，为客户提供更符合生活需求的产品和服务。

（4）解答咨询：围绕万科和服务的所有咨询或意见，集团客户关系中心都可以代为解答或为客户指引便捷的沟通渠道。

四、精心打造企业与客户的互动形式

随着企业的发展，万科对客户的理解也在不断提升。在万科人的眼里，客户已经不只是房子的买主，客户与企业的关系也不再是"一锤子买卖"。于是在1998年，万科创立了"万客会"，通过积分奖励、购房优惠等措施，为购房者提供系统性的细致服务。万客会理念不断提升和丰富，从单向施予的服务，到双向沟通与互动，再到更高层次的共同分享，万客会与会员间的关系也越来越紧密。

目前，面对市场竞争的压力，已经有许多房企开始意识到具有优质的服务才能占领或保住市场，如绿地、保利等品牌房企均倡导以服务为主题。业内专家表示，从以产品营造为中心到以客户服务为中心，这将是房地产发展的必然途径，与此同时，服务营销的观念也将推动房地产市场走向更加成熟和理性。

五、客户分类

万科效仿普尔特的客户细分思路，结合中国客户和自身企业的具体情况，挖掘出影响客户购房的三个关键指标：支付能力、生命周期、价值取向（购买动因）。然后，根据中国家庭的生命周期、家庭收入和房屋价值，万科把客户分为五大类：富贵之家、务实之家、望子成龙、健康养老和社会新锐。最后，针对每一类的客户特征，进一步细化分类，最后形成五个大类八小类的客户分类体系，详细分类情况如表10-1所示。

表 10-1 　　　　　　　　　万科客户分类体系

客户类型	家庭结构	家庭特征	特定需求	产品要求
经济务实（25%）	经济务实	对价格比较敏感，购房是一项重要投资，为了给后辈留下一份家产，是未来生活的保障	质量好，物业费便宜	低价格＋生活便利
社会新锐（29%）	青年之家	25~34岁的青年，尝试独立生活，享受生活和个人空间，喜欢体育旅游等休闲活动	小户型，方便出游和进行娱乐互动	交通＋休闲配套

续表

客户类型	家庭结构	家庭特征	特定需求	产品要求
社会新锐（29%）	青年持家	无子女的夫妻，有一定的积蓄和经济基础，注重社交娱乐	户型好，品质高	产品品质＋休闲配套
望子成龙（31%）	小太阳	家里有幼儿或读小学的孩子，家庭收入较丰	对教育配套与交通有较高要求，兼顾事业和生活	教育＋生活便利性
	后小太阳	已经读中学的孩子，家庭收入颇丰，更为注重生活环境和生活舒适	希望孩子有更好的生活、学习条件，对教育配套与交通有较高要求	生活便利性＋教育
	三代孩子	家里同时有老人和小孩，注重家庭生活氛围，享受天伦之乐，经济基础殷实	注重教育与医疗、社区环境，喜欢举家出游	教育＋医疗＋环境＋生活便利
富贵之家（9%）	富贵之家	高收入、社会认同的成功人士，要体现社会地位	与社会地位相当的人住一起，物业管理良好	产品品质＋社会标签＋私车交通
活跃长者（6%）	活跃长者	空巢家庭，或者是有老人同住的家庭，关系老年生活的幸福晚年家庭	生活有规律，注重饮食生活、生活环境和安全问题	医疗＋环境＋生活便利

通过客户细分，万科找出了自身最擅长做的几类客户，并在新的市场中着重研究这部分客户群的市场供求情况。如果发现良好的市场机会，万科将大力进军新的市场，并把以前的项目经验充分运用到新的市场上，逐步实现其走标准化的设想。

万科在客户细分上的运用较普尔特保守，不像普尔特那样走大而全的客户路线，万科在客户细分后只选择自己最擅长且有较大市场空间的客户群体来进行开发，以便于利用已有的资源进行成本控制和提高效率。万科确定所选择的目标客户群体，将有利于其实施差异化的营销策略。

万科实施客户关系管理的具体措施如图 10-1 所示。

客户关系管理信息化
建立客户中心网站和CRM信息系统，系统性收集与管理客户的意见。

客户分类
➤ 对客户进行分类，形成五个大类十三个小类的客户分类体系。
➤ 在客户分类的基础上，选择自己最擅长的客户群体开展项目与服务。

万科的客户关系管理

"6+2"服务法
建立全流程客户服务。从客户服务的角度分解业务流程，梳理出每一个步骤，工作人员需要注意的事项。

精心打造与客户的互动形式
➤ 成立"万客会"，通过积分奖励、购房优惠等措施，为购房者提供系统性的细致服务。
➤ 不断升级服务理念，从单向施予的服务，到双向沟通与互动，再到更高层次的共同分享。

多渠道关注客户问题
成立专门的客户关系中心，主要职责除了处理投诉外，还肩负客户满意度调查、员工满意度调查、各种风险评估、客户回访、投诉信息收集和处理等项工作。

图 10-1 万科的客户关系管理措施

1. 你所在的公司或者班组有与客户进行互动的渠道吗？互动的频度与深度怎么样？

2. 你所在的公司或者班组的客户服务流程有什么问题吗？你认为如何进行改善？万科的"6+2"全流程客户服务对你有什么启发？

案例二　华为的客户关系管理

一、以客户为中心——3 个好师傅

在华为客户关系体系建立的过程中，华为找到了三个好师傅：

第一个是跟标杆学习，主要对标的是 IBM。华为跟 IBM 学习了 14 年，很多模型、工具与方法都来源于 IBM。

第二个是跟对手学，主要对象是爱立信。华为向爱立信学习了客户经理的岗位职责体系，通过不断地从优秀的对手那里学习先进的经验，来弥补自己的短板。

第三个是跟自己学，华为的客户关系管理当中凝聚了大量华为自身的实践经验。

2008 年，华为启动客户关系管理变革项目群，进一步强化客户关系管理，使之成为一个完整的管理体系，包括进行客户关系管理的原因、价值、实施步骤与管理经验。

二、客户的选择

华为采用的是大客户聚焦的客户选择方式，这种客户关系有两个突出特点：

第一，客户高度集中。华为 2018 年的销售额能达到 7212 亿，然而这些销售额是几百家客户贡献的。

第二，注重客户关系维护。华为致力于与客户建立长期关系，像中国移动，中国电信这些企业，华为自成立就一直保持与这些运营商的良好合作。由于华为持续地在高价值客户上投入资源，维护好长期的客户关系，便形成了牢固的价值壁垒，防止新进入者的威胁。

除此之外，在客户选择上，华为还关注了两个非常重要的指标：人均销售贡献和人均利润贡献。这两个指标的含义是，如果人均销售贡献越大，人均利润贡献越大，则企业的薪酬支付能力就会很强，所以企业的目标客户应该是能够支撑企业的人均销售贡献与人均利润贡献的客户。

在此基础之上，华为对客户进行分级管理，一共分成四级：S 类客户、A 类客户、B 类客户、C 类客户。

S 类客户就是战略客户，A 类客户就是伙伴型客户，这两类是公司的重点客户。B 类与 C 类客户属于普通客户，销售贡献和利润共享较低，重要性偏低。

华为对于战略客户和伙伴型客户，将进行深入的洞察，会站在客户的视角去了解客户的行业，分析与规划客户的业务，来判断客户未来的发展及其发展的潜力。

三、与客户的沟通与互动

华为在每个地市建立客户服务中心，加强在地市一级城市的营销服务网络。网络触点增加后，当客户有问题时，就能马上与身边的华为工程师沟通。

华为给客户派遣的专家，除了为客户提供产品和管理的基本培训外，还会担当起咨询策划的角色。这种培训不仅使客户能熟练掌握华为的产品，还能增加客户对产品的亲切之感。

与客户成立合资公司。华为与 18 个省市的邮政、电信部门建立合资公司，其目的在于通过建立利益共同体，达到巩固市场、拓展市场和占领市场的目的。

华为在全球各大洲、各主要国家设立了地区部和代表处，积极主动参与建立和维持公司和客户间的合作互利关系，建立了多层面直接面向客户的组织与沟通渠道，积极倾听客户声音，了解客户需求，这些渠道包括恳谈会、年会、第三方满意度调查、集中服务热线、客户认证接待、峰会、例行日常沟通拜访等。2011 年，华为在全球范围内与客户共开展服务恳谈会 900 多次，年会 44 场，覆盖全球 250 多个价值客户群；从 2001 年开始，华为就持续委托专业的第三方市场调研公司，在全球范围内实施客户满意度调查；针对集中服务热线，目前全球范围共有 12 个语言 TAC（技术支援中心），覆盖全球 150 多个国家，在集中受理、解决客户的技术服务请求后，进一步通过电话访问或邮件回访的方式收集客户的声音。

四、客户需求洞察

华为认为，提前分析客户需求是非常必要的。因为如果不分析客户的发展，只看当年的项目，华为就没办法提前去储备未来几年为客户提供优质服务的资源和能力。现实情况是，客户在持续进步，它对华为的要求是逐年递增的。对华为来说，如果没有提前投入客户需求研究，华为对客户的需求满足就会出现滞后性。

华为对于客户的洞察是基于对于企业未来的预判，即对客户需求和行业进行分析，判断一年以后客户会使用什么产品，将需要怎样的功能和性能。这样就可以提前开发，当明年客户需求爆发时，华为就已经有了现成的产品和解决方案，商机就会被华为提前抓到。基于对客户的洞察，华为可以在公司内部进行资源的整合，提前准备为客户提供优质高效低成本的服务。

【案例要点】

华为实施客户关系管理的关键点如图 10-2 所示。

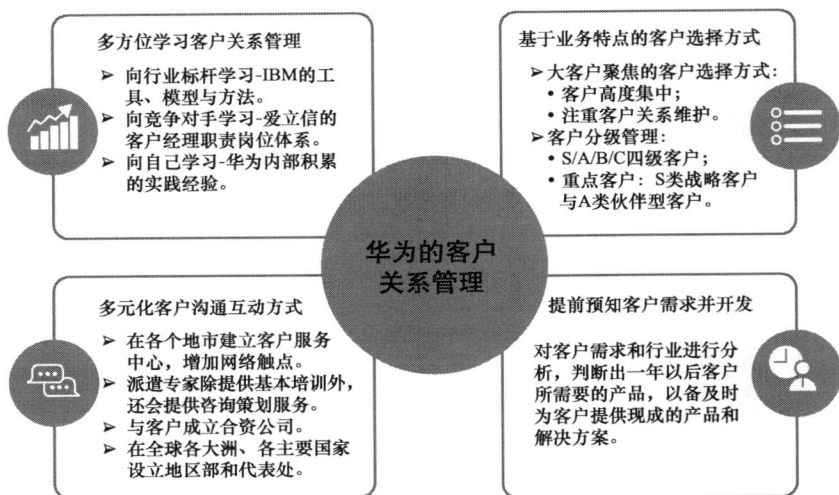

多方位学习客户关系管理
➤ 向行业标杆学习-IBM的工具、模型与方法。
➤ 向竞争对手学习-爱立信的客户经理职责岗位体系。
➤ 向自己学习-华为内部积累的实践经验。

基于业务特点的客户选择方式
➤ 大客户聚焦的客户选择方式：
  • 客户高度集中；
  • 注重客户关系维护。
➤ 客户分级管理：
  • S/A/B/C四级客户；
  • 重点客户：S类战略客户与A类伙伴型客户。

华为的客户关系管理

多元化客户沟通互动方式
➤ 在各个地市建立客户服务中心，增加网络触点。
➤ 派遣专家除提供基本培训外，还会提供咨询策划服务。
➤ 与客户成立合资公司。
➤ 在全球各大洲、各主要国家设立地区部和代表处。

提前预知客户需求并开发
对客户需求和行业进行分析，判断出一年以后客户所需要的产品，以备及时为客户提供现成的产品和解决方案。

图 10-2　华为实施客户关系管理的关键点

【案例思考】

1. 你所在的公司拥有结构化的客户关系管理体系吗？如果有，是如何建立起来的？如果没有，那如何才能有效构建客户关系管理体系呢？

2. 你所在的行业的客户特点是怎么样的？基于行业的客户特点，思考一下客户服务的重点是什么。

案例三　荷兰皇家航空 KLM 的客户关系管理

【案例内容】

荷兰皇家航空 KLM 是世界上依旧用原有名称运营的历史最悠久的航空公司。截至 2010 年 3 月 31 日，有 31787 名雇员。在 2004 年，KLM 获得高德纳公司（Gartner）的欧洲客户关系管理杰出奖。此奖表彰 KLM 把客户关系管理战略性远景与务实执行相结合，把软件应用部署与文化变化相结合的能力。

从 2001 年初开始，包括 KLM 在内的很多航空公司均面临需求疲软和不可预测的困难，还有来自低成本竞争的巨大压力。KLM 为此推行了一个广泛的成本消减规划。但是 KLM 意识到只减少成本不能确保长期公司长期健康发展。整个航空产业的收入依旧在持续下滑，简单地提高飞机上座率并不能保证企业的生存。

KLM 决定从战略上聚焦到客户关系管理，差异化自己（让自己与竞争对手区别开）。KLM 需要重新思考与客户的接触方式，在每个接触点上给予客户更加个性化和一致的体验，突显出与众不同。

但是首先它要克服来自内部的疑问，这些疑问部分来自 1997 年搁置的客户关系管理项目。在外部咨询师的帮助和信息通信技术（Information Communication and Technology，ICT）部门的领导下，KLM 开展了广泛客户关系管理的研究，研究从商业机会上讲对 KLM 意味着什么？ICT 能力需要哪些更新才能实现目标？

主要目标包括：

- 在所有交互点上实施更好的客户识别能力；
- 改进客户数据收集，集成和使用；
- 创建新构架的 ICT 平台，将替换现有的自然成长的 ICT 设施。

然而，这个提议对整个公司来讲太多了，难以消化。最终这个由 ICT 驱动的大项目没有启动。这归咎于过多的前期投资和缺少业务层面的支持。

KLM 的客户关系管理远景是把每次客户交互转变为优化产品购买和旅行体验的机会。通过更高的再次购买率和相对低的市场营销成本，这个远景能够提高和维持公司的利润。这个远景帮助 KLM 应对冲击整个行业的大事件（例如 SARS 和 911），因为公司能够聚焦到最有价值的客户上，继续维持收入，防止业绩下滑。

KLM 的客户关系管理策略关注在从乘坐过公司航班的人群中识别出最有价值（或者最有潜在价值）的客户。KLM 的客户关系管理策略包含了 10 个关键步骤：

（1）打好基础；

（2）识别客户；

（3）了解客户生命周期价值；

（4）识别客户的需求；

（5）建立客户单一视图；

（6）相应客户的需求；

（7）实施；

（8）引导（内部过程，一线员工，客户）；

（9）设置可测量的目标和控制；

（10）驱动公司文化变革。

这个策略性方法让 KLM 的眼光超出了原有客户忠诚计划的指标，关注在更加准确、基于价值的客户细分方法上。公司就能为每个客户细分群体定义策略和行动计划，然后把计划应用到每个接触点上的每次客户交互。

KLM 的客户关系管理策略变革了所有与客户接触的流程，包括市场营销、销售渠道、投诉处理、地面服务和空中服务。其目标是让员工深刻了解新策略，让每次客户交互成为提供更好服务、改进旅行体验的好机会。

一些特定的流程转变如下：

（1）市场营销：客户越来越喜欢自己来处理相关事务。KLM 市场部门的焦点转移到个性化营销，把客户按照价值细分，而不是使用传统的 4P 组合法：产品（Product）、价格（Price）、渠道（Place）、促销（Promotion）。

（2）销售渠道：鼓励直销和在线销售。

（3）投诉：把投诉数据、飞行后信息和常客飞行数据三者匹配，能更加精准判断潜在的客户流失。KLM 努力改变客服代表的工作方法。鼓励他们把投诉客户看作是天赐的礼物，让公司能够有机会消除不好的客户体验，重新获得客户的信赖。同时，投诉处理能够发现客户对于公司产品和服务的确切感受。

（4）地面和空中服务：员工能在各个时间点（飞行前、飞行中和飞行后）上及时获得客户的信息，让在所有客户接触点上的服务行为更加妥帖和灵活。商务部、空中服务和地面服务间共享越来越多的客户信息。乘务人员则更加积极参与招募飞行常客计划新会员。要求他们用名字称呼飞行常客。在决定让转接航班等候迟到的客户时，客户价值成为一项决定因素。

雇员培训和教育计划支持着 KLM 的流程变革。KLM 为中层经理开设了多个客户关系管理高级课程，一线员工的培训计划中必须加入客户关系管理的内容。目标是让员工明白他们与客户的关系会直接影响到公司的成败。KLM 同时在各个销售和运营单位指派客户关系管理大使。这些大使协调各自领域内的客户关系管理开发和实施工作，同时向其他雇员宣传客户关系管理。

有价值的客户体验：KLM 现在能与客户进行个性化交互，提供更好的客户体验。KLM 把交互建立在客户现有的或者潜在的价值基础上，而不是根据系统状态做些简单反应。

这方面的例子有：

（1）KLM 推动一线员工更加个性化对待每个有价值的客户。客户十分看重此类个体识别能力。KLM 在一个月内经济舱内的有价值客户的名字识别率从 8% 提高到了 21%。

（2）高层经理定期呼叫最高消费的客户群。这让乘客有机会与 KLM 的决策层分享他们的体验，乘客对此举措十分欣赏。反馈结果自动更新到客户的档案中。

（3）从超过 1 万人的飞行常客会员中建立一审查小组，定期测量 KLM 的产品和服务的"温度"。公司利用这些反馈识别和采取必要的改进措施。飞行常客们对此十分开心，因为他们能够直接影响公司的政策了。

（4）基于客户的类型，KLM 加强了服务恢复规程，能够采用更加复杂方法解决问题。例如，如果有价值的客户的行李没有加入当前的航班中，公司会主动通知他们。

当 KLM 启动新的客户关系管理计划时，公司先制定了一个完整的客户关系管理策略，从底层小转变开始逐渐推进。利用可测量回报的小型快速项目验证概念，再铺开后续的项目。早期小项目的成功赢得了大家对更大策略的信心。

在一个重要的项目中，高级经理亲自与选定的高价值客户沟通，然后把信息反馈到商务部，由他们采取合适的措施。这鼓励员工把客户相关的问题放在首位，支持员工通过与客户的交互沟通，改进服务结果，从而实现更好的客户关系管理。

一开始 KLM 的假设是已知用户更加有价值，但是后来发现飞行的频率和里程数并不是反映客户价值的最好指标。然后 KLM 把飞行频率数据和其他因素结合起来考虑，这些因素包括最近飞行的次数、公司获得的收入和成为已知客户的时间长度。航班和订票相关的特定信息等来自合作伙伴（酒店和租车公司）的数据也被一起加入分析过程中。呼叫中心的数据和预订明细数据（比如饮食和位置喜好）也将会加入数据库。

为了对每个客户细分群体开发正确的客户关系管理策略，并确定针对这个细分群体的所有接触点的战术层面的关系管理方法，KLM 也会查看各种研究数据，包括消费占有率，再次购买意愿和态度，以及来自客户评分模型的信息。

此外，联合分析用来发现某些客户群体最看重空中旅行的哪些方面，而且这些因素是如何影响他们决策的。客户习惯分析工作帮助企业实现了客户沟通和交互的个性化。

现在，KLM 能基于价值识别出客户归属的细分群体，明白客户的需求和喜好，为特定的客户细分群体开发特定的市场和销售活动，监控客户的反应，把经验应用到未来的活动中，引导客户的购买和旅行行为。

KLM 的客户关系管理策略的黄金规则是让投资产生可见的回报。为了支持这点，KLM 建立了客户评分看板，为整个客户关系管理规划包含了一组关键的绩效指标，监控每个月商务、地面服务和空中服务的绩效，然后据此调整产品和规划。关键的绩效指标如下：

（1）飞行常客计划的新会员数量；

（2）飞行常客计划活跃会员的数量；

（3）飞行常客计划会员中留有电子邮件的数量；

（4）利润中来自从已知客户的比例；

（5）利润中来自商务合作伙伴的比例；

（6）投诉处理的数量（Email/ 信件）；

（7）品牌形象；

（8）再次购买意愿；

（9）在每个接触点登记的客户评价信息（包括员工与客户见面时识别客户名字的程度）。

客户关系管理团队把这些指标贴在一个巨大的公告板上，放在市场部楼面的入口，鼓励全公司认可客户关系管理规划及其成果。不仅如此，所有的客户关系管理成果发表在周报上，KLM 的高层经理把它发送给世界各地的员工。

KLM 的客户关系管理规划已经帮助公司改进行和管理与客户的交互。这些工作产生了以下可测量的收益：

（1）市场营销更加有效和精准。更加聪明的市场营销活动替代了没有选择的通用的营销消息。KLM 的市场营销回应率到达了 5%~12%，而业内平均是 2%。

（2）感谢电子邮件和因特网，市场营销活动到达客户的时间从几个星期减少到几天。对于 KLM 来讲，采用简陋的促销宣传单的日子一去不复返了。

（3）KLM通过客户关系管理项目收集了可观的客户电子邮箱，可显著降低营销和客户研究成本。飞行常客会员的电子邮箱数量增加了3倍，与每个会员的沟通成本2年内降低了20%。

（4）到2004年3月KLM已知客户群已增长了20%，已知客户的平均消费比上一年增加了5%以上。

【案例要点】

KLM从战略上决定了"聚焦客户关系管理"，从而实现自己与竞争对手的差异化之后，重新思考了自身与客户的接触方式，尝试给予客户更加个性化的体验。为此，KLM采取了以下措施，打造基于价值的客户关系管理模式：

（1）基于价值的客户细分：结合里程数、飞行频率、飞行时长、为公司带来的营收等多个维度，评价出高价值（或潜在高价值）客户。

（2）梳理与变革营销服务流程：梳理所有与客户接触的流程，包括市场营销、销售渠道、投诉处理、地面服务和空中服务等，变革所有接触点的服务流程，制定个性化的服务策略，提升客户服务体验。

（3）实施培训和教育计划保证实施：针对雇员开展了培训和教育，提升一线营销服务人员对客户关系管理工作的认识，保证各项改革措施的有效落地。

（4）从小处转变开始逐步推进：尽管制定了完整的客户关系管理转型策略，KLM还是从底层的小转变开始，根据小项目的反馈情况，对策略进行调整，并最终推行。

【案例思考】

1. 你所在的公司是否有对客户进行细分？是否明确最有价值（或最具潜在价值）的客户群体？是如何判断客户的价值的？判断的标准和规则是否科学、准确？

2. 你所在的公司有没有针对最优价值的客户，调整自己的客户关系管理模式？是否在业务上进行同步调整？是否有建立起数字化系统支撑这一模式的运转？是否给予一线营销人员充分的权力？是否能真正提供最优价值客户关注的服务内容？

案例四　State Farm 保险公司的客户关系管理

【 案例内容 】

创建于 1922 年的 State Farm 保险公司是美国最大的互助保险公司，也是排名第二的保险公司。全美超过五分之一的汽车都在 State Farm 投保。State Farm 在短短的 80 年间，从一个小小的汽车互助保险公司发展成为全球最大的金融机构之一，其多样化的优质服务是功不可没的。

State Farm 从成立开始就认识到了客户关系的重要性。因为，金融保险行业的客户关系是稳定、长久的，有的客户甚至一生只和一家银行或保险公司做交易。在金融保险行业，客户关系已经成为最为重要的商业关系之一。

一、成长的烦恼

到 20 世纪 90 年代，美国政府对其金融立法作了调整，取消了保险公司从事证券业务的限制。保险业务已经发展成熟的 State Farm 决定扩大自己的经营领域，从事信贷和证券业务。

因为新增加的信贷和证券业务与原有的保险业务是各自独立的业务部门，公司的业务一下子增加了许多。这就要求有更多的人员和机构来操作。庞大的人员和机构在很大程度上加大了管理的难度，增加了经营运营成本。业务增加以后，State Farm 的客户量也大量增加，客户所需要的数据越来越多，呼叫中心系统已经不再能满足客户的需求。

与此同时，随着互联网的迅速发展，金融保险业的交易手段发生了很大的变化。很多顾客开始利用电子邮件和公司进行联系。State Farm 要想保持在行业领前，就必须充分利用互联网提供的机遇来创新发展自己的业务。

而且，互联网出现以后，保险公司的网上销售方便了客户同时比较各家保险公司的价格，价格已经不再能成为竞争的手段，服务就显得更加重要。如何在网络时代保持并提高公司的服务，成为一个更加周到的好邻居，成为 State Farm 面对的最为急迫的问题。整合公司所有业务的信息，实施顾客关系管理系统势在必行。

二、寻宝解忧

除了想解决呼叫中心的需求问题以外，State Farm 还希望通过客户关系管理系统来改善并提高自己的业务水平。所以在确定实施客户关系管理系统以后，如何选择最合理的客户关系管理软件，State Farm 做了很多考虑。

开始，State Farm 打算用自己的 IT 部门来做这套系统，因为他们自己的 IT 部门有 6000 多名员工，而且有很强的研发能力。但是，经过仔细的分析考察以后，State Farm 的管理层最终还是决定让专业的软件公司来做。因为专业客户关系管理系统公司的产品专业性强、质量可靠、综合成本低、产品按时上线的可能性高，而且专业公司还富有创新精神。最后，经过严格的挑选，State Farm 选用了 Web Tone Technologies 的客户关系管理系统。

Web Tone 的客户关系管理思想正好能跟 State Farm 的需求相吻合：它把 State Farm 的各种金融保险业务的信息有效地整合在一起；它的界面对 State Farm 原有其他系统的界面开放；它提供了产品推销、信用管理和顾客利润分析系统；它把别的系统的数据都整合到一起，这样就可以更快更方便地为客户解决问题。

State Farm 没有采用知名品牌，如 SAP、People Soft 等大公司的系统，最主要的原因是这些知名品牌公司的优势在于 ERP。而且 SAP、People Soft 的客户关系管理系统是在他们的 ERP 系统上附加的，State Farm 不想因为上一套客户关系管理系统而再购买一套昂贵的 ERP 系统。

更重要的是，虽然 Web Tone 只是一个比较小的客户关系管理软件公司，它对金融保险行业却更加专注。

三、对症下药

作为一个金融保险公司，State Farm 最关心的是客户的利润率，因为公司生存的关键是在保证顾客满意的条件下为公司赢得利润。但是，客户的利润率和金融风险挂钩，是一个风险和回报的问题。比如说，给风险大的客户贷款，有可能回报很高，但是也有可能损失很大。如何计算风险是金融保险公司赢利的关键。所以 State Farm 希望它的客户关系管理系统能够提供合理准确的计算方法来计算风险。Web Tone 提供了可以准确计算风险的系统，还提供了不同的计算方法，包括行为模型计算和期权计算方法。

State Farm 的客户有 6000 万多个，客户有大有小，客户的需求各不相同。State Farm 不可能用同样的处理方法来处理不同的客户需求。有些需求只要通过自动处理就可以解决问题，有的却需要人为地处理。能够合理安排顾客群是 State Farm 选择 Web Tone 主要原因之一。

随着互联网的普及，越来越多客户希望通过电子邮件来处理业务。因为发送电子邮件非常简单快捷，过去只需要一封普通信件就能解决的问题，现在客户却可能发 10 个电子邮件来解决。人为地来阅读这些数量很大的电子邮件几乎是不可能的。Web Tone 系统里面带有人工智能阅读电子邮件的功能，能够自动地对电子邮件进行分类；不仅如此，有些邮件系统直接通过邮件就自动处理了。

State Farm 在满足客户需求的同时，也非常讲求内部管理的效益。如何合理有效地安排员工的工作、评估员工的工作成绩，在客户关系管理中也是很重要的。Web Tone 的数据分析工具能够分析什么人都做了什么工作等，为安排有效员工的工作、评估员工的业绩提供了有益的参考。

四、成全新好邻居

系统上线工作以后，很快就取得了显著的效果：

（1）呼叫中心的效率和成本都降低了。因为客户关系管理系统通过与别的系统连接起来可以有效地整合信息。处理事务的员工很快就能调用客户的详细资料，尽快帮助客户发现问题、解决问题。这对于拥有 6000 多万个客户的 StateFarm 来说，可以大幅减少呼叫中心员工的数量，从而大大降低人力成本。

（2）销售能力明显提高，销售量增长了将近百分之百。整合客户关系管理信息之后，客户到门市办理业务的时候，业务员可以同时了解客户其他方面的需求，有的放矢地进行产品推销。

（3）在员工培训方面，客户关系管理系统的 userfriendly（用户之友）让新手学起来非常容易上手。而且系统已经把别的系统的数据都整合好了，员工只需要学习新系统，而没有必要把旧系统再重新学习一遍。因此在营业部，State Farm 对新雇员的系统训练时间从过去的两周缩短为两天。

【案例要点】

State Farm 保险公司实施客户关系管理系统的特点如图 10-3 所示。

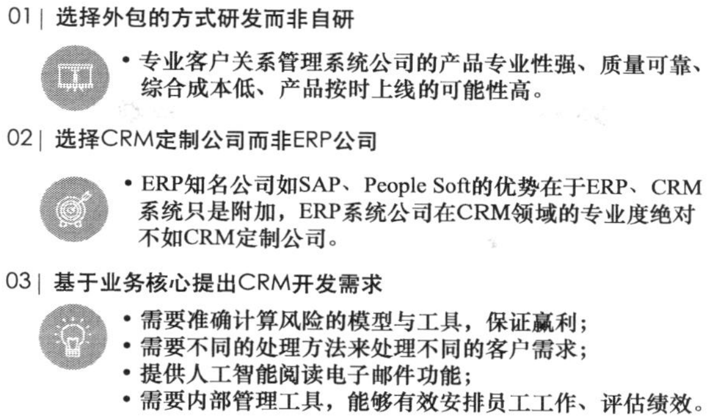

01 | 选择外包的方式研发而非自研

• 专业客户关系管理系统公司的产品专业性强、质量可靠、综合成本低、产品按时上线的可能性高。

02 | 选择CRM定制公司而非ERP公司

• ERP知名公司如SAP、People Soft的优势在于ERP、CRM系统只是附加，ERP系统公司在CRM领域的专业度绝对不如CRM定制公司。

03 | 基于业务核心提出CRM开发需求

• 需要准确计算风险的模型与工具，保证赢利；
• 需要不同的处理方法来处理不同的客户需求；
• 提供人工智能阅读电子邮件功能；
• 需要内部管理工具，能够有效安排员工工作、评估绩效。

图 10-3　客户关系管理系统的特点

State Farm 保险公司评估客户关系管理系统的经验如图 10-4 所示。

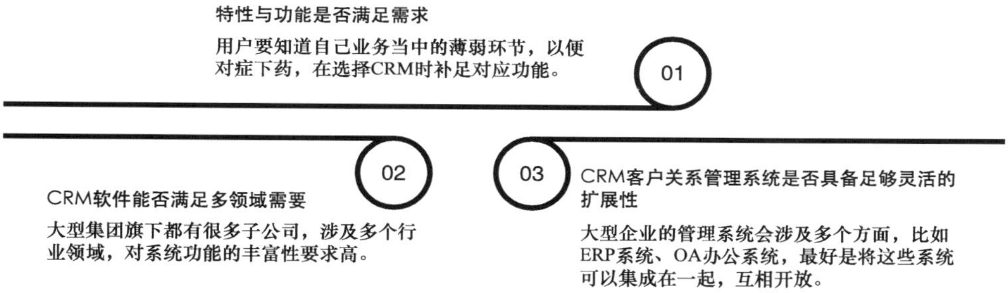

特性与功能是否满足需求

用户要知道自己业务当中的薄弱环节，以便对症下药，在选择CRM时补足对应功能。

01

02

CRM软件能否满足多领域需要

大型集团旗下都有很多子公司，涉及多个行业领域，对系统功能的丰富性要求高。

03

CRM客户关系管理系统是否具备足够灵活的扩展性

大型企业的管理系统会涉及多个方面，比如ERP系统、OA办公系统，最好是将这些系统可以集成在一起，互相开放。

图 10-4　客户关系管理系统的实施经验

【案例思考】

1. 你所在的公司有专门的客户关系管理系统吗？如果没有，想一想应该如何开发，使其符合业务开展需要。

2. 如果你所在的公司有专门的客户关系管理系统，想一想可以从哪些角度评估客户关系管理系统。

案例五　小米的客户关系管理

【案例内容】

小米创业之初主要的目标在于长尾客户。配置较好的智能手机，其价格通常在 2000 元以上，而小米手机用 1000 多元、甚至低于 1000 元的价格出售，吸引了大量的年轻客户，尤其以在校大学生居多。为了提升用户忠诚度，小米的创始人雷军亲自进行手机发布宣传，亲自发起"我是手机控"营销活动，并与 8 位联合创始人兼公司高管拍摄宣传海报与视频。小米副总裁黎万强也亲自带领团队，活跃在官网、新浪微博、淘宝、QQ 空间、微信公众平台等，与"米粉（即小米的用户兼粉丝）"们充分互动，甚至让"米粉"们参与手机的设计。小米这种由公司高管带头的全员营销模式获得了巨大的成功，小米也于 2018 年成功上市。

小米公司之所以能在手机市场占得一席之地，是因为其拥有优越的客户关系管理系统和由此带来的客户关系优势。通过切身地贴近市场和客户，及时收集到客户的需求，并能够将客户的需求迅速转化为定制化的产品提供给客户，从而为客户提供了快速、优质的服务。

一、精准识别客户

客户识别是通过一系列技术手段，根据大量的客户特征、需求信息等，找出哪些是企业的潜在客户，客户的需求是什么，哪些客户最有价值等，并以这些客户作为客户关系管理对象。

小米公司对于其所有的客户都有其鲜明的识别标志。2011 年，中国市场智能手机出货量超过 5000 万部，到 2016 年出货量将超过 4.65 亿部。随着智能手机朝着低价、高配置化发展，用户进入的门槛进一步降低，智能手机将会吞并整个手机市场。小米团队是先做系统（安卓深化）后做手机，在推出手机的时候，已经在全球拥有百万的用户。

作为 IDIC 模型的第一部分，小米公司对其进行了绝对的重视并做了很好的努力。小米公司对于其客户信息的收集通过直接渠道和间接渠道协同进行。通过以特许经营方式在全国运行的上百家小米之家的门店，直接收集客户信息。此外，通过购买专业咨询公司的专业报告，通过与第三方的合作从而信息共享，这些都是间接渠道。小米公司树立了信息保密的意识，建立了相应的制度体系，进行了分级管理，严格审查客户信息的真实性，并对客户信息做到了严格保护，避免了客户信息的失窃，赢得了客户。

二、区分客户群体

在如今互联网和网络银行飞速发展并且不断成熟完善的形势下，小米公司既避免了在传统市场上和苹果、三星等手机市场巨头的面对面竞争，又利用时代潮流将市场瞄准网络销售市场，面向数以亿计的网民。小米与各通信运营商合作，推行定制机（预存话费送手机的方式）成为小米手机销售的一个重要渠道。而小米主要服务的客户就是"手机发烧友"。

小米公司通过 ABC 分析法、TFM 分析法、CLV 分析法对其客户的客户价值、客户潜力、客户生命周期客户需求进行分析，从而划分出不同的客户群体。为每一客户群体定制不同的内容、定制不同的手机。这既方便了不同的客户需求，也为企业带来的巨大的客户群体。这让小米公司遏制了大量的资源闲置浪费，为企业带来了巨大的利润收益。因此，客户区分是减少成本、增加利益的最有效的手段之一。

三、多渠道获取客户需求

小米公司为了直接获取客户的更多信息，同时向客户提供无微不至的服务，在全国范围内开通了客户服务热线，从而直接为客户服务，使客户时刻掌握情况，了解与小米手机有关的知识，对小米公司提出意见和建议，还可以对手机的质量、客服人员的服务态度等进行投诉。客户服务中心会及时查证并为客户解决问题，并及时将处理结果反馈给客户。

同时，小米公司的客服人员还会不定时的回访客户，调查手机使用情况，征求意见建议。对于小米公司，了解客户的需求、倾听客户的声音是一件无比紧急并且重要的事情。因为只有通过不断地改进和提升自己，才能留住顾客并服务顾客，甚至吸引竞争对手的客户。小米公司适时对客户进行回访，倾听客户对公司服务和产品的感受和意见建议，这样可以使公司设计出更贴近客户的人性化产品和服务。

此外，小米公司还通过赞助商业产品与大型体育赛事传递和维护其在顾客心目中的形象，提高客户忠诚度。这样可以间接地给企业带来经济效益，这些效益是无形的宝贵财产，比直接的金钱收益对企业的持续发展更加有力。

小米公司成功之处还在于构建了产业链生态体系。构建整个产业链的生态体系是通过高产量与市场占有率在整个产业的上下游之间做到信息流、资金流、物流的全面掌控，从而能够更加全面的掌握销售信息，分析出客户需求。在销售网络中掌控信息，使公司对于消费者需求及时做出应对。

四、定制化服务

由于小米公司瞄准的客户群体是"手机发烧友"，每个客户都有自己独特的需求，他们会了解每个企业的优势和劣势，判断该公司是否适合自己，是否能给自己提供最满意的产品和服务。小米公司根据对顾客需求的调研分析，归类总结，开发出多个服务以及多种不同的手机，比如小米 1、小米 1s、小米 1s 青春版、小米 2 等不同版本的手机。

小米公司通过其准确而快速的信息来源，能够迅速掌握不同客户的个性化需求，精准地为客户配置个性化服务项目。这样，一方面企业的资源做到最有效利用的同时也给客户提供了最满意的产品和服务，保证了企业和客户利益的双赢。

【案例要点】

小米的客户关系管理经验如图 10-5 所示。

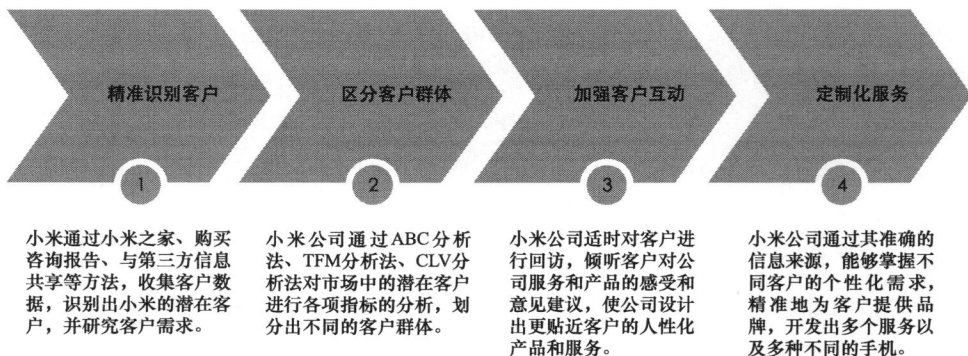

精准识别客户	区分客户群体	加强客户互动	定制化服务
①	②	③	④
小米通过小米之家、购买咨询报告、与第三方信息共享等方法，收集客户数据，识别出小米的潜在客户，并研究客户需求。	小米公司通过 ABC 分析法、TFM 分析法、CLV 分析法对市场中的潜在客户进行各项指标的分析，划分出不同的客户群体。	小米公司适时对客户进行回访，倾听客户对公司服务和产品的感受和意见建议，使公司设计出更贴近客户的人性化产品和服务。	小米公司通过其准确的信息来源，能够掌握不同客户的个性化需求，精准地为客户提供品牌，开发出多个服务以及多种不同的手机。

图 10-5　小米的客户关系管理经验

小米的社群营销方式如图 10-6 所示。

加强与客户的 互动交流	增加客户参与 途径	建立与客户的 情感纽带
以MIUI论坛为代表的虚拟社区的建立成为客户主要的反馈和沟通渠道。	开创"线上组织，线下开展，线上反馈"的模式，举办一系列社会化营销活动。	小米CEO雷军通过塑造年轻化、爱玩手机的形象拉近与客户的距离。

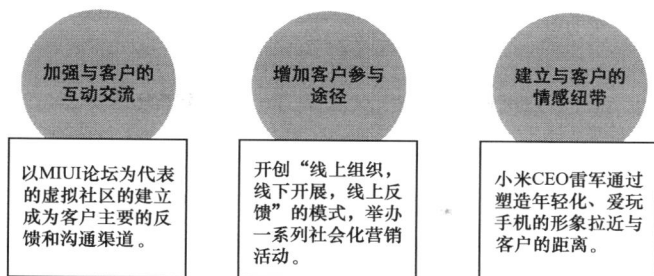

图 10-6 小米的社群营销方式

【案例思考】

1. 你所在的公司是怎么区分客户群体与分析客户需求的？

2. 你所在的公司是否运用了一些社群营销的方式来增加互动，拉近与客户的距离？

第十一章

供电企业的客户关系管理典型案例

本章选取了国网浙江奉化供电公司、国网福建省电力公司、国网江苏省电力公司与国网安徽滁州供电公司中具有代表性的客户关系管理案例，通过案例研究和分析为客户经理提供学习参考。

案例一　客户关系建立的典型案例

随着电力体制改革不断深入，国家电网公司把"优质服务"提升到企业发展的战略高度。由于供电企业部门较多，客户的项目落户用电报装过程复杂，缺乏宏观的、全过程的客户服务模式。针对这种情况，奉化公司通过建立专属客户经理制度模式，一站式服务于企业，形成政府、客户、供电企业三方协调联动，对客户业扩工程进行全过程管控，全面提升用户满意度，提高公司在政府中的影响力。

案例内容

一、专业客户经理制度模式的主要策略

1. 加强对客户经理的综合管理，提供个性化服务

奉化公司持续完善客户经理制度，对客户经理操作手册进行定期讨论修改。加强对客户经理及相关营销工作人员培训工作，从专业技能、法律法规、人际沟通能力进行培训。定期进行客户经理考核，根据考核结果进行相应奖惩措施。对客户受电工程前、中、后期进行全生命周期跟踪管控，结合公司电网规划方案，提前介入，做好客户接电准备，制定针对性供电方案。由于当前的经济开发区多为空地，还未有成熟的电网框架结构，需要改变以往"简单接入"的供电方案制定方式，从全局、长期来考虑分析，制定整体供电网络架构，预估用户装机容量，然后按点接入。

2. 加强与政府部门的联系，主动服务客户

为切实做好政府部门招商引资的好参谋，专属客户经理需要加强与经信委、开发区管委会、发改委等政府部门的联系，提前了解客户用电资料。奉化公司要求专属客户经理得到一手资料后，需要主动联系用户，了解用电需求、公司的发展规划，并给出专业性意见，提前给出初步供电方案，避免等客户要用电了才来办理用电手续的尴尬局面，切实做好前期用户对接工作。

3. 建立定期例会制度，及时了解多方信息

奉化公司专属客户经理需与客户、政府部门、公司各职能部门，及时了解多方信息，定期召开例会，了解所管辖开发区最新动向，随时跟踪用户实际需求，了解公司整体规划及最新电网结构的变化。当地政府有关重大会议也建议专属客户经理参加，了解当前经济形势变化。同时，专属客户经理对于每次参加的会议做好记录，按时完成反馈工作，并且结合专属客户经理操作手册不断完善工作流程。

4. 保证流程正常运行的绩效考核与控制

奉化公司定期开展总结分析例会，阶段性对专属客户经理制度建设情况进行研讨与交流，及时关注工作进度。针对工作过程中遇到的困难，集思广益，发挥营销人员的主观能动性，对专属客户经理制度实施过程中遇到的问题提出合理化建议。

一方面，每一位工作小组成员根据事实情况按期完成总结报告，向工作小组组长汇报，基于不合理的方式寻求解决方案，制定相应的修改计划，并做好经验总结；另一方面，对于专属客户经理，建立专属客户经理管理制度及奖罚规则，结合定期考核及培训考试管辖区域用户的反馈情况结果，进行适当的奖励与惩罚，并采用类似竞聘上岗的方式进行岗位竞聘。

二、专业客户经理制度模式的成效

1. 缩短业扩流程时间

通过专属客户经理在客户工程中的提前介入，提前制定供电方案，完善的区域性电网规划，避免了增加一个客户重新进行电网规划的被动局面，保

障了每一个客户的成功接入。通过个性化服务，专属客户经理为客户制定了针对性优化用电方案，减少了客户在办电过程的各项疑虑，加上客户经理帮助客户协调公司内部各职能部门的关系，减少客户来回奔走找人对接的时间，很大程度上缩短了除流程外的其他非必需时间，确保业扩流程顺利进行。根据专属客户经理制度实施以来已经归档的客户数据来看，平均缩短客户从业务受理到资料归档 0.97 个月，未出现一起送电后与客户用电需求不符合的情况。

2. 提高客户用电安全性，助力提高客户满意度

经过几个月专属客户经理制度的实行，客户明显感受到供电企业的主动服务，前期的详细了解，中期的不断跟踪，后期的定期安全检查与反馈咨询电话。客户在用电方面的安全感和对供电企业的满意度大幅提升。特别是一些高耗能企业，在专属客户经理的帮助和建议下，完成了企业转型、节能设备替换以及设备改造，在一定程度上降低了电费的支出成本，提高了企业效益。

3. 提高政府部门对供电企业的认同度

通过专属客户经理与政府的定期交流，政府部门进一步认识到电对一个企业的重要性，以及前期电气设计对整个用户用电工程的重要程度。奉化公司从专属客户经理制度实施以来，政府部门邀请客户经理参加的协调会议增加了，最近两个月供电企业客户经理参加开发区与客户的协调会议多达十余次。

4. 提升客户经理综合能力

专属客户经理制度实施以来，其"副产品"——对营销人员各方面的培训，使普通客户经理的专业技能和综合能力大幅提升。他们对业务技能、法律法规知识以及设计、验收规范都有了根本性的理解，方便了日常工作的开展，年轻员工的工作积极性和创新性也不断被激发。

【案例要点】

专属客户经理模式的主要策略如图 11-1 所示。
专属客户经理模式的主要成效如图 11-2 所示。

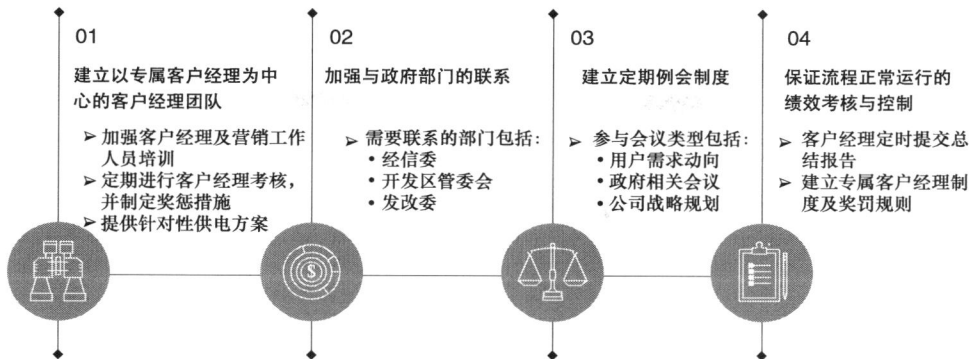

图 11-1　专属客户经理模式的主要策略

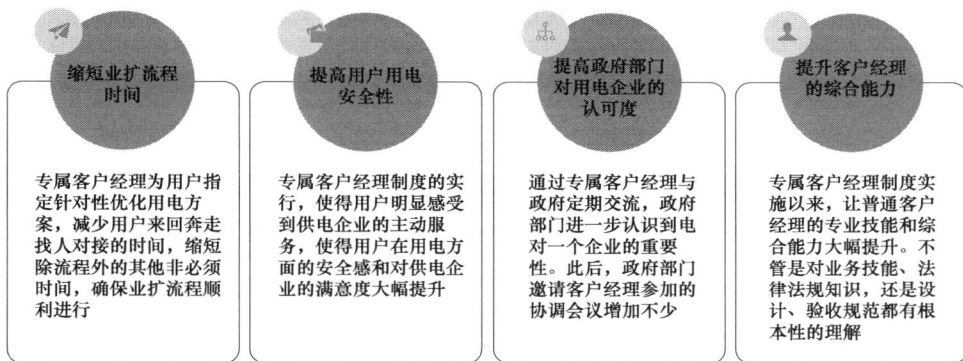

图 11-2　专属客户经理模式的主要成效

【案例思考】

1. 你所在的公司里，客户对项目落户用电报装过程是否满意？如果没有，试想一下如何改进。

2. 你所在的公司的客户经理的工作内容与流程是怎样的？相比于专属客户经理制度，是否有可以改善的空间？

案例二　客户关系维持的典型案例

【案例内容】

国网福建省电力有限公司在供电客户服务工作中导入全流程客户满意度评

价，围绕客户需求，通过第三方评价，找出服务短板，制定出涵盖企业内部全流程各环节的服务提升举措，并通过全省9个供电公司的全面实践，形成了一套经过验证的、标准化的方法论、工作流程及管理工具，实现了预期目标。全流程客户满意度评价工作对促进供电服务质量持续提升，推动以客户为导向的企业内部管理全流程变革具有重要的意义。

一、设计客户满意度评价方法

国网福建省电力有限公司创建了全流程客户满意度"六步三点"评价方法。"六步"包括：①梳理服务主题关联图；②设计全流程详细蓝图；③分析交互点（客户体验交互点、内部支撑交互点）；④设计评价内容（包含外部满意度评价、服务层满意度评价、支撑层满意度评价）；⑤制定测评方案；⑥归因分析。

"三点"即：①基于外部满意度调研甄别外部客户不满意点；②依据流程追溯，甄别内部客户不满意点；③针对内外部客户不满意点，基于客户期望值、质量标准值和服务水平值的采集和对比，找出质量标准不合理点、服务水平不合格点。

通过研究梳理出业务流程图53张，分析关键交互点100个、评价点126个，涉及外部问题186个、内部问题280个。

二、实施客户满意度调查，将评价从外部延伸到内部

评价所指的"客户"，不单纯是传统意义上的外部客户，也有全流程意义上的内部客户。在客户服务的核心价值链上，涉及了多个部门、多个专业，例如"停电和故障抢修"服务涉及了电力营销、电网运行、设备管理、物资管理等多个方面。上下游之间、前后台之间互为客户，链条上任何一个环节出现问题，都会对最终的外部客户服务质量产生影响，内部客户满意度不容忽视。因此，福建省电力有限公司将满意度评价从外部客户延伸到内部客户，2011年委托第三方市场调查机构对全省电力客户和9个供电公司内部员工进行了客户满意度评价调查，累计完成调查样本接近17924个，其中内部客户调查样本就达到3741个，包括10多类一线班组，覆盖发展、营销、配电、生产、基建，调度集体企业等多个部门。

三、把握客户需求，由"期望"寻找差距

客户服务工作是否需要改进，取决于是否有效满足了客户的期望。这次调查首次将客户期望纳入量化评价范围，对比客户需求，以"期望"寻求差距。通过将企业内外部的服务水平与客户期望进行对比，将差距归纳为客户不满意点。具体表现如下：

（1）通过将企业内部各环节服务标准与客户期望进行对比，将差距归纳为服务标准不合理点。例如：农网客户期望的年停电次户数为 2.07 次 /（户·年），而目前的 12 次 /（户·年）的服务标准远低于客户期望，为服务标准不合理点。

（2）通过将服务水平现状与服务质量标准进行比对，将差距归纳为服务执行不合格点。例如：企业对欠费复电的质量标准是结清欠费后 24 h 内复电，而目前各单位欠费复电最快为 12 h，最慢为 28.88 h，存在服务执行不合格现象。

通过调查发现，客户不满意的关注点有 69 个，其中，全省共性的客户不满意点 15 个，标准不合理点 11 个，执行不合格点 5 个。

四、厘清交互支撑，以"归因"明确举措

这次满意度评价通过"六步三点"工作法，厘清交互关联、级级追溯、层层归因，最终将服务质量的提升举措细化到岗位，明确到个人，有效避免了责任不清晰、容易推诿扯皮的现象。通过归因分析，针对 15 个全省共性客户不满意点，归集出 138 个归因问题，涉及省公司 7 个部门和各供电公司 10 个部门。同时，对应存在的服务问题制定出针对性服务提升举措共计 13 大类 82 条，其中，标准制度类 14 条、管理改进类 68 条、省公司 31 条举措；通过将企业内部各环节服务标准与客户期望进行对比，将发现的差距归纳为服务标准不合理点。

【 案例要点 】

国网福建省电力有限公司的全流程客户满意度"六步三点"评价方法如图 11-3 所示。

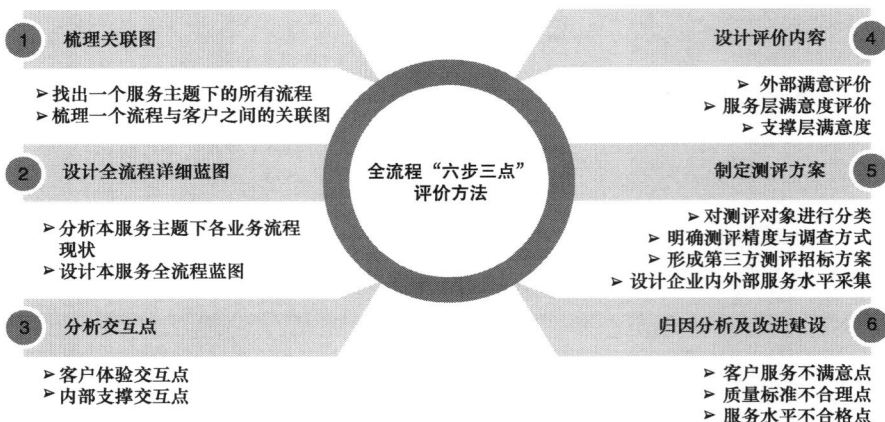

图 11-3 "六步三点"评价方法

国网福建省电力有限公司的开展客户关系管理的经验如图 11-4 所示。

图 11-4 客户关系管理经验

【案例思考】

1. 你所在的公司客户满意度评价方法是怎么样的？你认为效果如何？

2. 如果你所在的公司也要实行全流程满意度评价工作，你觉得应该如何设计推广方案？

案例三　客户关系挽回的典型案例

【案例内容】

面对用电持续低迷和售电市场逐步放开的严峻形势，云南曲靖供电局内强营销管理，外优供电服务。2016 年，加大增供扩销力度，充分发挥"五个一"（多供一度电、少停一分钟、力争一寸土、早送一天电、多用一份心）的作用，完成售电量 191.90 亿 kWh，较下达指标 182 亿增加 9.9 亿 kWh，指标完成率105.44%。对照增供扩销的潜力点，围绕"出实招多供电、求细致、少停电、强服务用好电"开展工作，扭转了市场营销不利局面。

一、挖潜增效促电力增长

1. 分指标，层层落实责任

在各分局、各县级供电单位成立以分局长（总经理）为组长的增供扩销工作领导小组，制订本单位增供扩销工作方案，细化工作措施，层层分解电量目标，指定增量责任人，明确出台考核和奖励办法，准确考核和激励；过程中按季度召开分析会议，分析增供扩销指标完成情况，找出存在的问题和潜力，研究措施、督办落实，每季度到各客户管辖单位督导增供扩销工作开展情况，确保工作方案实施到位。

2. 抓重点，确保负荷稳定

组织各客户管辖单位，针对用电量前 20 位客户，指定客户经理，拟定客户走访计划，编制走访内容，重点收集客户产品产量、库存、价格、市场销售以及设备状况、检修计划等信息，全面掌握客户生产用电情况，准确把握客户用电意愿和用电走势，提前协调企业用电中遇到的困难，逐户了解掌握客户检修计划，促成生产检修计划与客户设备检修同步，尽量减少电量影响因素。

提高重点项目业扩办电效率，对重点大客户用电项目，提级到供电局市场部整体管控、协调和重点督办，全过程优化业扩办理效率。沪昆高铁项目提前两个月用电，赢得了客户的表扬，也促进了电量的增长。

3. 促协同，全面联动少停电

对涉及客户需要停电的，按照"先算后停，一停多用，能转必转"的原则进行预安排停电，大力推广带电作业技术，在满足安全可靠前提下，尽可能采用不停电及带电作业方式接入。市场部通过服务调度，监控线路、台区变压器停电，对停电时间长的线路进行预警发布、督办，促使设备管辖单位加快复电，缩短停电时间，有效督办停电事件及时解决。设备部门强化配网管理，提升故障快速复电能力，并针对不同的季节特性，重点做好城市、集镇等人口密集区域的公用线路及变压器的测温工作，减少设备停电因素，争取多供一度电。

二、增值服务开拓新市场

1. "三统一" 避免客户流失

2016 年 5 月，各种售电公司如雨后春笋般出现，一部分客户在售电公司的游说下，选择由售电公司进行报价交易。突然面临着客户流失，曲靖供电局立即行动，建立了局——县公司——供电所市场化服务工作的三级联动工作机制，按照"统一工作机制、统一报价策略、统一优质服务"的原则集中开展市场化交易服务工作。

打破客户管辖区域概念，统一集中，分级负责。供电局重点负责组织全网 35kV 及以上客户的市场化交易服务，各县级供电企业（分局）重点组织、执行好 10kV 客户市场化交易的全过程服务，建立每月集中办公、集中报价、集中分析、集中客户问题解决工作机制，全面掌控交易动态；建立客户交易代报率及客户流失考核指标，每月通报，层层传递工作压力，调动客户管辖单位的服务积极性；建立客户流失预警提级管控机制，发现客户拒绝签订委托代报协议、有售电公司联系及其他异常情况时，客户经理在 1 小时内立即上报供电局客户中心及市场部，由供电局及时跟进沟通，尽最大努力留住客户。实施预警机制后，有效避免了 32 个客户的流失。

2. "统一优质服务"

编制《曲靖供电局大客户服务项目表》，统一服务标准，制定"一户一策"到户服务方案，包括沟通走访、报价、分析、反馈、问题解决、账单分析等 19 项全方位服务，指导各客户管辖单位执行落实到位，对代报的市场化交易客户提供全过程的增值服务。"打感情牌"，调动局领导、县公司一把手，"一对一"与大客户高层、政府主管部门充分沟通政策和交易效果，增强客户、政府的信心；"打用心牌"指定客户经理与客户执行层实时掌握沟通用电动态、变化信息，及时响应客户用电及交易动态需求，以增值服务换取客户的满意和稳定。

【案例要点】

云南曲靖供电局挽回流失客户的方法如图 11–5 所示。

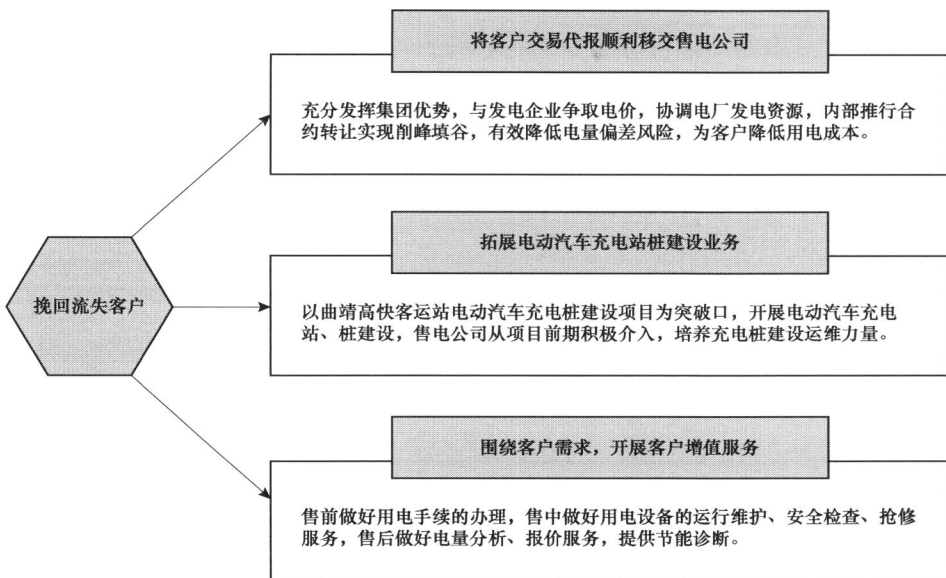

图 11–5　挽回流失客户的方法

【案例思考】

1.你所在的公司客户流失的现象严重吗？如果严重，请分析一下客户流失的原因。

2.如果你所在的公司将开展客户挽回的行动计划，你觉得应该如何改善服务以挽回流失客户？

案例四　客户关系应用的典型案例

【案例内容】

2018 年 4 月初，国网江苏省电力公司自主开发的综合能源服务信息化平台开始上线应用。该平台可以支撑综合能源服务业务管理，提高业务管理水平和管理效率，还可以为客户提供能效诊断、综合节能、运维服务、电能替代、能源托管等一体化用能解决方案。

一、积极打造试点项目

国网江苏省电力公司经过市场开拓与客户调研，发现在起步阶段要将综合能源服务市场做大的最有效的方法就是打造一批规模可观、模式典型的示范项目，一方面扩大影响力，形成示范效应；另一方面探索可复制、可推广的典型方案。具有代表性的客户群体和项目主要有以下三类。

1. 大型公共建筑类

代表项目为无锡市民中心能源托管项目。通过调研，国网江苏省电力公司发现行政机关等大型公共建筑一般用能比较稳定，但也比较粗放，迫切需要专业团队负责能源管理，采用能源打包托管模式可以实现效益最大化，具有一定的可复制性。

2. 工业园区类

代表项目为红豆工业城多能互补项目。通过调研，国网江苏省电力公司发现工业园区内企业众多，有通过运营能源管理平台实现节能降耗的需求。供电企业通过销售能源管理平台既能满足客户需求，又能迅速占领市场。同时，采用 EPC（Engineering Procurement Construction）总包商业模式承接分布式光伏电站建设，可以对工程质量和成本进行有效控制，实现效益最大化。因此，上述模式对在小型园区推广综合能源服务具有一定的可复制性。

3. 工业企业类

代表项目为铸鸿锻造用能优化综合服务项目。通过调研，国网江苏省电力公司发现采用 BOT（Build Own Transfer）模式可以有效缓解客户在配电设施建设过程中的资金压力，供电企业丰富的工程建设经验可以保证对工程质量和成本的有效控制，使其具有盈利空间。同时采用合同能源管理模式实施屋顶光伏项目，按约定分成，可保证项目收益。上述模式为开展增量客户综合能源服务提供了可借鉴的蓝本。

二、构建支撑业务体系

2018 年 1 月，国网江苏省电力公司组建了国网江苏综合能源服务有限公司，并在 2017 年综合能源探索实践的基础上科学布局，指导国网江苏综合能源服务有限公司编制了《综合能源服务三年发展规划》，明确了能源供给、能源消费、能源交易和平台经济四大综合能源服务业务板块，为拓展综合能源服务业务指明方向。

精准定位之下，一整套以国网江苏综合能源服务有限公司为实施主体，以各市县供电企业为业务拓展团队的体系随之建立。目前，国网江苏省电力公司已经在全省13个地市组建了18个综合能源服务中心，建立了"大后台"业务支撑团队，全面创新综合能源服务机制。

在业务体系支撑下，国网江苏省电力公司重点从行业和区域两方面着手推进综合能源服务业务开展。

三、大力拓展增值服务

社会多元化用能需求强烈，综合能源服务市场广大。国网江苏省电力公司将社会化增值服务项目作为营收增长的"主力"，持续提升市场竞争力。

2017年8月11日，江苏省政府办公厅转发省发改委、江苏能源监管办出台了《江苏省售电侧改革试点实施细则》，推进售电侧改革，明确鼓励售电公司提供智能用电、综合节能和合同能源管理等增值服务。目前，社会上部分企业已介入综合能源服务领域，一些发电企业以及水、气等其他能源企业也迅速通过开展综合能源服务积累客户。同时，开展综合能源服务也是推动企业降本增效、降低GDP能耗的有效途径。

从效果上来说，国网江苏省电力公司以代维客户变电站配电设备等基础服务为切入点，争取了许多优质客户资源。同年，该公司大力推广"能效提升 + 能源托管"项目服务模式，将综合能源服务业务延伸至学校、医院、监狱等公共事业机构。例如，南通供电公司抓住南通市肿瘤医院"煤改电"契机，主动对接客户，做好前期项目勘查及设计工作。

四、着力打造"平台经济"

能源数据资源已成为信息化时代企业与客户沟通的"纽带"。2018年，国网江苏省电力公司大打"平台经济"牌，通过搭建大数据平台，满足客户用能需求，提升客户黏性。

为巩固竞争性售电市场份额，助力降本增效，2017年，国网江苏省电力公司积极开拓综合能源服务领域。该公司搭建了两级能源服务平台和三级业务管控工作机制：开发区域能源服务中心业务信息化支撑平台，按照省公司客户能源大数据分析中心和属地化终端业务平台实施两级部署，实现客户数据的集中管控和分析决策；建立了省公司营销部统筹管理、计量中心和节能公司提供业务指导并具体实施、集体企业承担外委非核心业务的三级业务管控体系，实现了客户用能环节"全渗透"、业务范畴"全承接"。

其中，综合能源服务信息化支撑平台的建立，有利于国网江苏省电力公司深度挖掘能源数据价值，为政府相关部门、企业客户、社会能源企业等各方提供服务。该平台可以支撑综合能源服务业务管理，提高业务管理水平和管理效率；还可以为客户提供能效诊断、综合节能、运维服务、电能替代、能源托管等一体化用能解决方案。2018 年，平台已接入 1200 余户客户能源信息，可以检测 4 万余个检测点，累计为客户推送能效诊断报告 1.36 万份，安全预警 10 万余次，发掘综合能源服务潜力项目 1043 个，促成项目落地 144 个。

【案例要点】

国网江苏省电力公司开展综合能源服务的四项措施如图 11-6 所示。

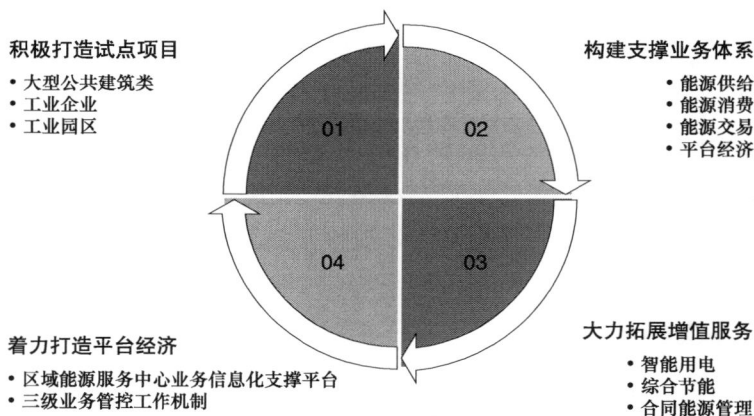

图 11-6 综合能源服务的四项措施

【案例思考】

1. 你所在的公司目前开展了哪几种综合能源服务？

2.你所在的公司是如何开发与挖掘客户需求的？有哪些成功经验和失败的教训？

案例五　居民客户关系管理的典型案例

【案例内容】

新建居民小区在现有供电服务模式下极易产生法律风险、电费风险错户风险以及客户信息差错。通过重构业务流程、解构供用电合同签订模式以及建构电能表调试方式等服务策略，有效解决了上述风险。自 2015 年 10 月以来，滁州供电公司积极实践基于营销技术系统远程停复电和预购电功能的深化应用，采取新建居住小区一户一表逐户签约、逐户送电的新模式，从源头管控居民客户服务风险。

一、控制源头风险

控制源头风险就是在新建居住小区送电之初，积极采取一系列有效措施，将以上列举的主要风险点基本消除或大幅降低。具体的措施就是充分利用用电信息采集系统建设成果，将远程停复电功能和预购电功能提前引入到新建居住小区送电环节，从源头彻底控制居民客户服务风险。

二、重构送电业务流程

新建小区送电前，营销社区客户经理就提前与开发商和物业人员沟通，在小区内广泛张贴宣传广告，提醒居民客户用电前与供电企业签订供用电合同，以保障自身用电权利。同时，新的送电流程仍然由配电专业一次性将电源送至新建居住小区电表箱，在居民入住前或开发商交钥匙的同时，由营销用电信息采集技术人员通过营销管理信息系统（营销 MIS）和采集系统对居民客户实施批量远程停电，将新客户复原至原始的无电状态。

三、解构合同签订方式

借鉴移动通信公司等企业对新手机用户卡激活的做法，新居民客户在未签订供用电合同前，也相当于处于"未激活"状态，即处于无电状态。由供电企业营业人员现场服务或请客户到营业厅逐户签订供用电合同，改变传统的与开发商或物业签订合同的方式，消除法律风险。一般在小区交付前的 2~3 周，供电企业现场办理合同签约效果较好。同时，根据客户的用房性质，引导客户自愿签订预购电协议，既解决了客户房屋租赁易产生电费纠纷的后顾之忧，又解决了供电企业的电费风险。在合同签订过程中，由于与户主面对面沟通，客户各类基本信息收集既全面又准确，同步录入管理信息系统，彻底消除了信息缺失的风险。

四、新构计量调试模式

一旦供用电合同签订完成，营业人员承诺在 24 小时之内通过营销 MIS 逐户实施远程复电，系统同时推送新客户短信温馨提示至户主，感谢其成为供电企业的新客户，并告知服务方法和渠道，竭诚为其服务。改变常规停电时发送提醒信息的做法，反其道而行之，往往令客户感知良好。由于采取逐户送电，改变传统集中送电数百户或数千户的方式，是否送电成功就成为判断客户端是否存在计量错户或设备故障的试金石，准确而高效；存在问题客户必将第一时间反映，供电企业也获得了第一时间处理的机会，避免造成错户引发的电量损失，从源头消除了计量差错风险。

【案例要点】

源头管控居民客户服务风险的方法如图 11-7 所示。

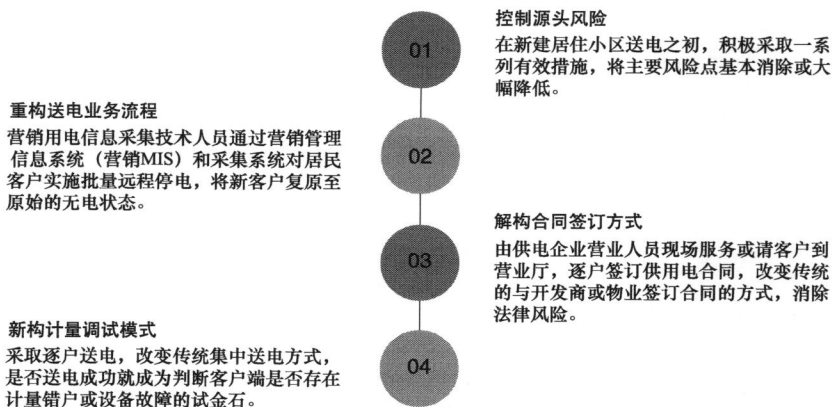

控制源头风险
在新建居住小区送电之初，积极采取一系列有效措施，将主要风险点基本消除或大幅降低。

重构送电业务流程
营销用电信息采集技术人员通过营销管理信息系统（营销MIS）和采集系统对居民客户实施批量远程停电，将新客户复原至原始的无电状态。

解构合同签订方式
由供电企业营业人员现场服务或请客户到营业厅，逐户签订供用电合同，改变传统的与开发商或物业签订合同的方式，消除法律风险。

新构计量调试模式
采取逐户送电，改变传统集中送电方式，是否送电成功就成为判断客户端是否存在计量错户或设备故障的试金石。

图 11-7　源头管控居民客户服务风险的方法

滁州供电公司实行的居住小区一户一表逐户签约、逐户送电新模式的五大作用如图 11-8 所示。

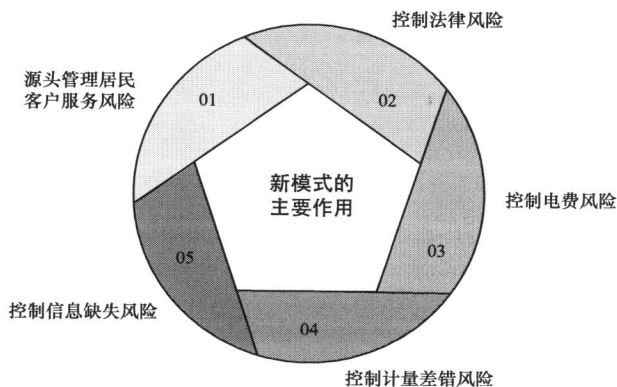

图 11-8 新模式的主要作用

【案例思考】

1. 你所在的公司居民客户满意度高吗？如果居民客户投诉率较高，请思考一下可能的原因。

2. 你所在的公司是如何管理居民客户关系的？有什么成功的经验？

案例六 全面优化电力营商环境的典型案例

全面优化电力营商环境是新型客户关系管理有力体现。着力打造卓越营商环境，"获得电力"跃上新台阶。

【案例内容】

2019 年，世界银行组织发布《2020 年营商环境报告》。在 190 个经济体中，中国营商环境排名由 2018 年的 46 名提升至 31 名，其中"获得电力"指标在 2018 年大幅跃升至 14 名的基础上再次取得突破，得分从 92.01 分提升至 95.4 分，超越瑞士、法国、冰岛，排名升至 12 名。世界银行对中国营商环境评价选取上海和北京作为样本城市。对于上海"获得电力"改革取得的进展，世界银行给予高度认可，并在《2020 年营商环境报告》中指出：上海在为中小企业提供供电服务方面的经验突出，正在向其他经济体推广"上海经验"。

此外，在优化营商环境工作中，国网上海市电力公司先进的管理经验和所体现的责任担当也得到了国家发改委的高度肯定。在国家发改委对国内 41 个城市营商环境的评价工作中，上海是"获得电力"指标标杆城市之一。上海"获得电力"便利化改革举措连续两年入选了国务院 28 项优化营商环境典型做法。

1. "五省五增"，打造"FREE"办电新模式

2018 年，国网上海市电力公司从客户视角出发，坚持化客户"痛点"为"满意点"的问题导向，坚持让客户从"感知"到"认同"的需求导向，坚持提升客户关注点的效果导向，推出了"五省五增"（办电更省力、申请更省事、建设更省钱、接电更省时、用电更省心；提增供电保障能力、提增业务流程透明度、提增施工协同效率、提增服务价值、提增品质管控）优化电力营商环境的举措，打造"FREE" 2.0 办电新模式，以卓越供电服务全方位提升供电服务获得感。其中，"FREE"是指 Free 免费、Rapid 快捷、Efficient 高效、Excellent 卓越。

2. "五降五减"，14 天送电

2019 年，这一举措升级到了"五降五减"（降办电投资、降配套费用、降用能成本、降审批时间、降建设时间；减办电环节、减临柜次数、减流转资料、减停电次数、减停电时间）。

办电环节方面，国网上海市电力公司积极推行线上申请办电和签订电子供用电合同，将客户办电环节进一步压减为申请签约、施工接电两个环节；接电时长方面，低压小微企业平均接电时间不超过 5 天，最长接电时间不超过 15 天；获电成本方面，继续实施延伸投资界面至客户电能表政策，承担 160kW 及以下小微企业接电工程的全部投资成本，将客户办电"零投资""零保证金"制度化。

许多中小企业受益于"五降五减"电力优化营商环境举措。例如，位于浦东新区康桥镇沪南公路上的上海弘仁宝升汽车销售服务有限公司将变压器容量从 90kVA 增容至 160kVA 时，虽然要新放 585m 导线，新设多根水泥立柱和钢杆，新设 400kVA 变压器，但在企业提交申请后，只花 10 天便成功送电，让客户真切感受到了供电企业的优质服务。

3. "五新五优"，营商环境更优

2020 年，国网上海市电力公司进一步加大改革创新力度，拓展"FREE"

办电服务品牌新内涵，提出"服务新体验，办电环节最优；联审新平台，接电时长最优；能源新生态，综合能效最优；投资新模式，用电成本最优；保障新机制，供电品质最优"的"五新五优"（FREE3.0 版）改革新举措，推动客户办电更省力、更省时、更省钱，用电更高效、更优质、更可靠。这"五新五优"举措是：

（1）服务新体验，办电环节最优。推广"网上国网"App，对接"一网通办"，实现小微企业客户"一次都不跑"，10kV 客户办电环节逐步压减至 2 个。

（2）联审新平台，接电时长最优。衔接政府"建设工程联审平台"，"一口申请、同步受理、并联审批、限时办结"。实现低压小微企业客户平均接电时长压缩至 10 天内，10、35kV 及以上客户平均接电时长压减 20% 以上。

（3）能源新生态，综合能效最优。打造"能源管家"品牌，助力客户能效提升，推进客户侧泛在电力物联网建设，提供定制化综合能源解决方案，构建覆盖"点、线、面、体"的综合能源新生态。

（4）投资新模式，用电成本最优。试点高压客户临时用电租赁套餐式服务。实现临时用电一站式办理、供电设备多维度循环利用，促进社会资源高效集约，切实降低客户投资治本。

（5）保障新机制，供电品质最优。建设"钻石型"配电网，实现电网整体供电可靠性突破"4 个 9"（即 99.99% 以上）。执行电价调整提前告知政策。配合政府部门制定供电可靠性指标行政执法相关细则，切实保障客户权益。

未来，国网上海市电力公司将持续打造世界一流营商环境。一是持续推进改革，推行世界银行所倡导的公平、高效、透明等理念，不断提升电力接入效率和服务水平，更好服务和赋能小微企业。二是持续建设坚强智能电网，提升电网装备水平、自动化水平和运行水平。三是加大技术创新，提升服务效率，不断深化"互联网+"营销服务，推行"数字营销"，全面实现用电服务"一网通办"，提升客户获得感。

【案例要点】

"五省五增"举措如图 11–10 所示，"五降五减"举措如图 11–11 所示，"五新五优"举措如图 11–12 所示。

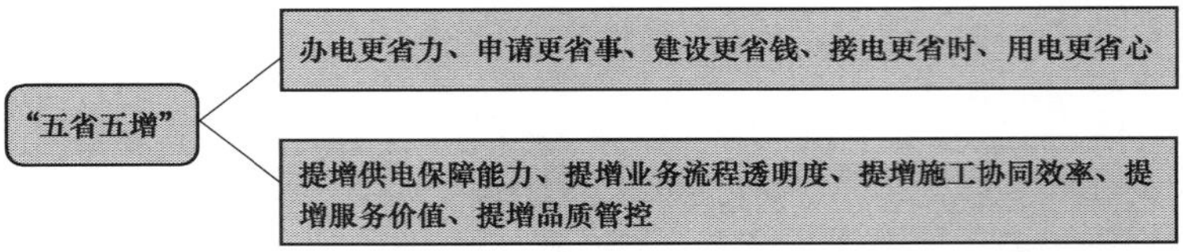

"五省五增"

办电更省力、申请更省事、建设更省钱、接电更省时、用电更省心

提增供电保障能力、提增业务流程透明度、提增施工协同效率、提增服务价值、提增品质管控

图 11-10 "五省五增"举措

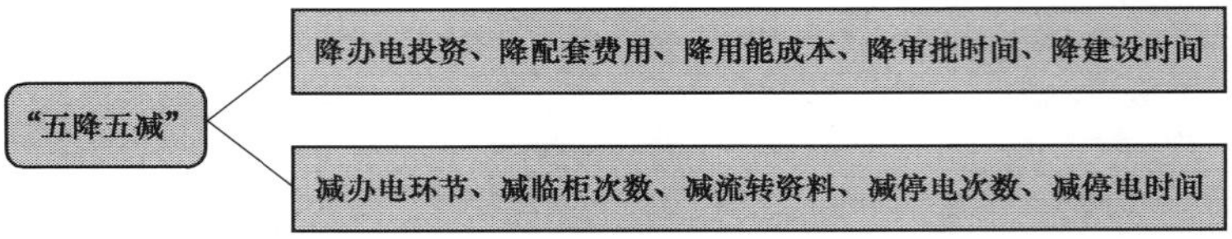

"五降五减"

降办电投资、降配套费用、降用能成本、降审批时间、降建设时间

减办电环节、减临柜次数、减流转资料、减停电次数、减停电时间

图 11-11 "五降五减"举措

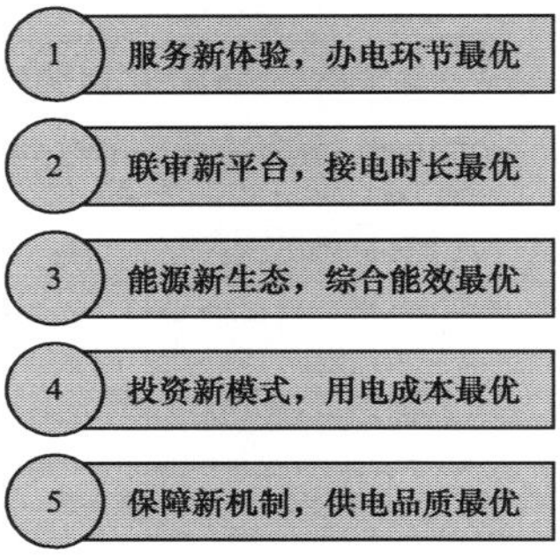

1 服务新体验，办电环节最优

2 联审新平台，接电时长最优

3 能源新生态，综合能效最优

4 投资新模式，用电成本最优

5 保障新机制，供电品质最优

图 11-12 "五新五优"举措

【案例思考】

1. 你所在公司有哪些优化营商环境举措？成效如何？有哪些成功的经验？还存在哪些问题？你认为应该如何改进？

参考文献

[1]《哈佛商业评论》精粹译从——客户关系管理．闫鸿雁，译．吕林，校．北京：中国人民大学出版社，2004．

[2] 许巧珍．客户关系管理．杭州：浙江大学出版社，2014．

[3] 苏朝晖．客户关系管理——客户关系的建立与维护．4 版．北京：清华大学出版社，2018．

[4] 本书编委会．电力营销一线员工作业一本通　业扩报装．北京：中国电力出版社，2017．

[5] 本书编委会．电力营销一线员工作业一本通　用电检查．北京：中国电力出版社，2013．

[6] 李文茜，刘益．国外大客户管理研究新进展探析．外国经济与管理，2014，36（7）：53–62．

[7] 涂莹，朱炯，裘华东，王晓雯，姜磊．面向"互联网＋电力营销"的智能互动服务创新体系架构．中国电力，2017，50（9）：95–99．

[8] 裘华东，涂莹，丁麒．基于标签库系统的电力企业客户画像构建与信用评估及电费风险防控应用．电信科学，2017，Z1：206–213．